Adolf Koelsch

Würger im Pflanzenreich

Adolf Koelsch

Würger im Pflanzenreich

ISBN/EAN: 9783955620417

Auflage: 1

Erscheinungsjahr: 2013

Erscheinungsort: Bremen, Deutschland

Cover: Foto © Ruestz (Wikipedia)

bremen
university
press

Würger im Pflanzenreich

Von

Dr. Adolf Koelsch

Mit zahlreichen Abbildungen nach Original-Aufnahmen von J. Hartmann, J. Kettenhuemer u. a. und einem farb. Umschlagbild, darstellend die Hopfenseide, von R. Oeffinger

Stuttgart
Kosmos, Gesellschaft der Naturfreunde
Geschäftsstelle: Franckh'sche Verlagshandlung

I. Einleitendes: Die Rohköstler.

Darin geht es den Blütenpflanzen nicht anders als den meisten unter uns Menschen, daß jede von ihnen Zeit ihres Daseins schwer arbeiten muß, um zu der Nahrung zu kommen, womit sie ihren Körper erhalten, seine Leibesmaße vergrößern, Verbrauchtes ersetzen und den aufblühenden Zellenstaat zur Vollform eines wohldurchgebildeten Gemeinwesens zugeordneter und übergeordneter Bürger ausbauen soll. Und hat sie sich wirklich mit Rackern und Fleiß aus der Unscheinbarkeit eines Lärvchens zur Vollreife eines Grases und Krautes, zum ansehnlichen Strauch- oder Baumwesen emporgeschafft, so bricht noch lange nicht der Tag für sie an, an dem sie sich aufs Faulbett hinstrecken und weniger materiellen Träumen nachhängen könnte. Sie muß weiterhin in ihrer Umgebung scharf auf Jagd nach Genießbarem gehen, muß sehen, daß sie die Stoffe, die sie von außen her aufnimmt, im Feuer eines tausendfältig verwickelten Verwandlungsprozesses sich arteigen macht, muß darauf bedacht sein, alles Unverwertbare auszuscheiden und den im Augenblick nicht gerade verbrauchbaren Überschuß in den Lagerhäusern der plasmatischen Außenbezirke auf Vorrat zu tun. Denn früher oder später kommt die Stunde, wo sie aus ihren Zellen all die Leistungen herausholen soll, denen — über die Erhaltung des Einzellebens hinaus — die Erzeugung von Blüten, Früchten und damit (als Abschluß des Daseins) die Hinterlassung einer möglichst zahlreichen Nachkommenschaft als Ziel gesetzt ist. Die Durchführung dieses Programms fällt den Gewächsen am einen Ort leichter, es fällt ihnen schwerer am andern Ort, immer aber wird man die Beobachtung machen, daß ihnen nichts geschenkt wird von den Mühen und Bitterkeiten des Werkeltages, ob sie nun breitbeinig auf einem dunggeschwängerten Komposthaufen sitzen, mitten im Sonnenlicht, oder das Schicksal sie in die dämmergrauen Tiefen der Seen hinabgeführt hat, wo eine dünne, wässerige, ewig wandernde Flüssigkeit sie als einzige Nährbouillon unstet umschaukelt.

Schon in frühester Jugend fängt die Sorge ums Nötigste an. Fest in die Samenschale verkapselt, als trockenes Nüßchen, als Bohne oder schrotfeines Korn, vielleicht mit Flügeln versehen, vielleicht von rotem lockendem Fruchtfleisch umhüllt, vielleicht mit Klettenhaaren besetzt, die sich im Fell von Säugetieren und im Gefieder von Vögeln verankern, noch häufiger aber ohne jede Hilfe zur Sicherung der Verbreitung, wurde der Embryo von der Mutter auf Reisen geschickt. Man weiß, wie die Landfahrt für 99 von 100 Sprößlingen endigt: sie erreichen nie eine bewohnbare Scholle oder gelangen an einen Ort, der ihnen nur allerärmlichste Unterkunft bietet, und in dem ungleichen Kampf mit überlegenen, anspruchsloseren Wettbewerbern kommen sie rettungslos schon in der Jugendzeit um. Nur mit einem vom Hundert war Glück; der Zufall verschlägt ihn an einen Ort, wo er, trotz der Übervölkerung dieser Erde mit Pflanzen und Pflanzenbrut, ein weiches, warmes und gutbehütetes Keimbett zum Hinliegen findet und nach kurz oder länger bemessener Ruhezeit aufgehen kann.

Zunächst hat er es gut wie das Kind an der Brust. Etliche Brote hat ihm die Mutter als Zehrung ja mit auf den Weg gegeben, hat auch Fette und nahrhafte Eiweißstoffe in den Ranzen gepackt — sie greift er jetzt an. Aber von diesen vortrefflichen Sachen ist doch nicht mehr im ganzen da, als ein Forellenlärvchen etwa im Dottersack mit sich führt, und bis die Schale aufgesprengt ist, das Würzelchen sich ausgestreckt und herumgekrümmt hat, die Keimblätter sich zur Luft emporgereckt und flachgespannt haben, ist die Herrlichkeit aufgezehrt. Von nun an heißt es, alles Material, was zum Betrieb der Lebensmaschine nötig ist, aus e i g e n e n Kräften zur Stelle zu schaffen und über den augenblicklichen Bedarf hinaus den Hunger der G a t t u n g zu stillen, der vom ersten Atemzug an, gleichsam verkleidet, jedem Wesen als Wille zum

Wachstum im Blute brennt, aber erst nach Erlangung der Mannbarkeitsreife die deckende Maske abwirft und als Fortpflanzungstrieb nackt vor die Welt tritt.

Das Tier, finden wir, das das elterliche Nest hat verlassen müssen und (ein Kind noch) auf eigene Faust in die Weite zieht, habe es verhältnismäßig leicht mit dem Nahrungserwerb. Es tritt auf die Wiese und stopft sich den Magen mit Kräutern voll, es bohrt sich in die Erde und schiebt Schaufeln voll zerfallender oder schon zerfallener tierischer und pflanzlicher Stoffe in sich hinein, es fliegt zur Blume und trinkt ihren Honig aus, es durchwühlt den Schlamm auf der Suche nach genießbaren Leichenteilen oder es würgt andere Tiere ab und stillt seinen Hunger an ihrem entbluteten Leben. Aber ob es nun Tiere frißt oder Pflanzen frißt und Leben für sein Bedürfnis erst tötet, oder ob es sich von Leichen und Leichenteilen ernährt, die der Tod in tausend Rückstandsformen wahllos durch Felder und Wälder zerstreut, in der Erde verscharrt oder, zu Moder zerfallen, im sauren Schlamm der Seen und Flüsse einsargt — es lebt jedenfalls von Stoffen, die schon organisiert sind und irgendwann einem empfindenden Wesen als Bausteine angehört haben. Sie sind schon einmal durch andere Lebewesen hindurchgegangen und haben bei diesem Durchgang gewissermaßen die Hand des Weltenschöpfers passiert, die, indem sie Erde, Asche, Luft und Wasser nahm und an ihre toten und rohen Atome den rohen Kohlenstoff band, aus der unbeseelten Materie die ersten organischen, belebten Körper herstellte. Denn dies allein scheidet ja die Stoffe der belebten Welt von denen der unbelebten: daß an den trockenen Kern der Mineralmoleküle Kohlenstoff in bestimmten Mengen und bestimmten Paarungen gebunden wurde. Durch diese Bindung entstehen Eiweiße, Fette, Stärkekörper und alles, was sich sonst an der Zusammensetzung des Stoffes, der den Zellkörper bildet: des Plasmas beteiligt. Indem nun das Tier organisierte Körper aus seiner Umgebung aufgreift und als Nahrung sich einverleibt, lebt es gewissermaßen vom Vollendetsten, was es an Materie auf dieser Erde gibt; es lebt vom Erzeugnis der Schöpfungstage, vom Ganzprodukt, von dem, was ihm selber (stofflich) verwandt ist. Es hat, um die Besitzergreifung zu vollenden, die vom Maul, den Zähnen und Krallen vorbereitet wird, nichts weiter zu tun, als Fleisch und Plasma samt ihrem ganzen Inhalt an Eiweißen, Fetten, Salzen und Stärkekörpern, dieses ganze, im Schöpfungsprozeß geläuterte Material durch die Verdauung bis auf seine einfachsten Bausteine herunterzuspalten. Die artfremde Substanz wird durch diese Zerlegung ihrer störenden Herkunftsmerkmale entkleidet. In ferneren Bezirken des Körpers müssen dann die losen Bausteine wieder so zusammengesetzt werden, daß das arteigene Fleisch und das arteigene Plasma daraus entsteht.

Anders die Pflanze. Sie muß sich vom Niedersten, Unvollendetsten nähren, was es an Stofflichkeit auf dieser Erde gibt, von den unorganisierten, so gut wie gar nicht vorbereiteten Urelementen, von dem, was jener entlegenen Zeit der Erdgeschichte entstammt, als der Geist noch ratlos über den Wassern schwebte, das Chaos noch nicht geordnet und das Verfahren noch nicht erfunden war, wie man aus rohen Atomen Lebendiges formt. Sie muß Erde fressen und Wasser trinken und Luft, muß sich ergötzen an dem, was war, bevor der Scheidung von Himmel und Erde, Tag und Nacht, Feuchtem und Trockenem, Flüssigem und Festem der eigentlich große Tag gefolgt war, an dem aus Unbeseeltheit Beseeltheit entwickelt wurde. Und so steht sie noch heute dort, wo der Schöpfer stand, als er nach dem Wort der Bibel Lehm nahm und daraus Menschen und Tiere formte. Man nehme ein Tier, man gebe ihm ausgewaschenen Flußsand zu fressen, der ja nichts anderes ist als der Rückstand vulkanischer Urgebirge, die die Zeit zuschanden gerieben hat, man schütte dem Tier als Zusatzkost (nach Bedarf) eine mineralische Salzlösung ein, wie sie irgendeiner natürlichen Quelle entsprudelt: nach wenigen Tagen wird das Tier verendet sein, weil es ihm nicht möglich ist, dieses anorganische Material zur Gewinnung von Energie zu verwerten.

Aber dann mache man in einem zweiten Versuch das gleiche mit einer grünen Pflanze. Man setze ein Samenkorn in einen Topf voll feuchtem Flußsandgeriesel und gieße von Zeit zu Zeit jene selbe Minerallösung darüber hin. Das Samenkorn wird sich zu einer Pflanze entwickeln, die Pflanze wird blühen und Früchte tragen, und wenn man am Ende ihres Lebens die organische Substanz, die sie enthält, mit der der organisierten Stoffmasse vergleicht, die im Samenkorn war, so wird man finden, daß sie dem Gewicht nach um ein viel hundert-, viel tausend-, ja viel millionenfaches gewachsen ist, obgleich der Pflanze im Topf kein hundertstel Gramm davon dargereicht wurde.... Dies war gemeint, als ich vorhin sagte, die grüne Pflanze stehe noch heute dort, wo der Schöpfer stand, als er den ersten Griff zur Gestaltung des Lebens machte. Wie er, greift sie das Unorganische, ihr an Beschaffenheit gar nicht Verwandte auf, wie er entwickelt sie aus dem erdigen Material und den Gasen der Luft organische Stoffe, Farbe, Form und zuckendes Leben, das sich bewegt und für all die Kräfte, die als Licht, Wärme, Elektrizität und chemische Energie das Weltall erfüllen, sich als reizbar erweist. So spielt sich das Wunder der Urzeugung allenthalben, wo eine Pflanze wächst, vor unsern Augen jahraus jahrein hemmungslos ab, und wo ein Würzelchen, Erdsalze leckend, geschäftig durch den Boden eilt, oder ein grünes Blatt sich im Winde dreht, liegen offen die Zugänge zu jener göttlichen Werkstatt zu Tag, in der das Mineralreich und das Reich der atmosphärischen Gase aus der Stufe ihrer Niedrigkeit emporgehoben und zu lebendigem, seelisch begabtem Stoffe veredelt werden.

* * *

Auch der Keimling am Rain, der die mütterliche Mitgift aufgezehrt hat und mager wie eine Tanzfliege, mit zwei grünen dünnen Blättchen im Kreuz, auf der Scholle steht, nimmt jetzt, wo der Ranzen geleert ist, die ruhmreichen Überlieferungen seiner Vorfahren auf und schickt sich an, durch vorurteilslose Bewirtschaftung eines apfelartigen Pferdeückstandes und massenhafte Vertilgung der schmackhaften Atome eines ehemaligen Juragebirges die göttliche Funktion aller Pflanzenwesen, (die in der Umwandlung von Steinen und Schmutz zu Plasma, Zucker, Eiweiß, Leben und Schönheit besteht), zu erfüllen. Glühend vor Geschäftigkeit, fällt er über die Salpeterbestände des Roßapfels her und spritzt Säure durch das Wurzelspitzchen in die Erde hinein, um die Kalk- und Magnesiakrumen mürbe und löslich zu machen. Er baut seine unterirdischen Fasern immer weiter am Rain hinauf und hinab, schlürft Wasser und Gips, an Phosphorsäure gebundenen Kalk, Eisenoxydule und, was sonst noch an Bodensalzen im Wasser sich löst, gierig in sich hinein, läßt nichts unversucht und nimmt doch nicht wahllos von allem. Zu gleicher Zeit ist aber auch das Blattwerk nicht faul. Es sperrt weit die Spaltlöcher auf, schnappt Kohlensäure und zerlegt sie mit Hilfe des Sonnenlichtes in Kohlen- und Sauerstoff. Es speit den Sauerstoff aus, gliedert den Kohlenstoff fest an die Bausteine der Mineralsalze an, die das Wurzelzünglein erbeutet hat, schindet sich weidlich ab und wird groß, stark und fett bei all diesen Bestrebungen zur Läuterung der Welt von dem Abraum, den Regen, Wind und andere atmosphärische Gewalten im Laufe ganzer Erdperioden von den Felsskeletten der Berge heruntergekratzt und am Festland als Ackerkrume angehäuft haben. Schließlich, wenn die Pflanze an der Schwelle des Alters steht, die Zeit der Blüte vorüber und die Brut längst davon ist, hat sie Tröge voll Wasser ausgetrunken, hat Ballons voll Kohlensäure hinuntergeschwemmt und mit manchem Gramm Erde, das sie in sich aufnahm, heimlicherweise die Erinnerungen an devonische und diluviale Zeitalter verschlungen. Dabei brauchte sie nichts, was je ein Tier oder eine Pflanze schon vorgeformt hatte. Sie baute sich jeden Bissen von Grund aus auf und dient noch im Tod dadurch, daß sie den Regenwurm speist, fernem tierischem Leben als Quelle der Kraft.

Was sich hier offenbart und mir als das Wunderwürdigste vorkommt, ist die ungeheure Selbständigkeit in der Ernährung, dieses trotzige ganz auf eigenen Füßen Stehen. Es ist beispiellos in der gesamten Natur. Wir Menschen und alle Tiere, von der Amöbe herauf bis zum Vetter Schimpanse, sind nichts im Vergleich zu diesen Wesen, weil unser Leib die große Synthese (oder Zusammenfügung) des Fleisches aus Erde, Wasser und Luft nicht ausführen kann. Dies rächt sich insofern, als wir ohne die grüne Pflanze unser Dasein nicht fristen können. Ihre Geschicklichkeit muß sich als Mittler zwischen uns und die Urelemente schieben, sie muß das Mineralreich erst dadurch urbar machen für unsern Leib, daß sie in ihren Grünstoffkammern wunderwirkende Sonnenenergie an die kalten Atome der Steine und Luftgase bindet, — ohne dies alles findet menschlicher Lebenswille auf der geronnenen Kruste des ehedem feuerflüssigen Erdplaneten weder Anker- noch Landungsplatz. Ja, wir stehen auch dort, wo wir tierisches Fleisch als Speise benützen, in Abhängigkeit von der Pflanze, weil das Tier, das uns Lendenbraten und Koteletts liefert, nur daseinsfähig ist, solange es grüne Wiesen und Kleeäcker gibt, in deren Halmen, Stengeln und Wurzelwohnungen sich die Verwandlung von ungenießbarer Erde in saftiges Magenlabsal vollzieht. Hingegen kann sie, die Pflanze, ohne uns alle gut da sein. Sie braucht zur Bebauung der Erde nicht Mensch und nicht Tier.

* * *

Um so seltsamer ist es, daß eine ganze Reihe von Blütenpflanzen im Lauf der Entwicklung diese Selbständigkeit im Ernährungsbetrieb, die doch unbezahlbarer erscheinen müßte als das Erstgeburtsrecht des Esau, um ein Linsengericht verkauft und (gleich den Tieren) sich in Abhängigkeit von ihresgleichen begeben haben. Es ist merkwürdig, überraschend und unbegreiflich, daß ein Geschöpf, das dank seiner kosmischen Fähigkeit, Steine in Fleisch und Brot zu verwandeln, schier so mächtig ist wie Zeus und alle anderen Götter der Welt, fortan nicht mehr allein von Luftgasen und Erdsalzen leben mag, sondern den Versuch unternimmt, nach Art der Bakterien, Pilze und Tiere organisiertes Material, das der Lebensprozeß schon einmal irgendwo in Händen hatte, als Quelle zur Energiegewinnung heranzuziehen. Bisher war die Pflanze Werkzeugmaschine zur Herstellung organisierter Körper aus rohem, elementarem Stoff. Nun will die Werkzeugmaschine über sich selber hinaus und will das verbrauchen, was sie vordem erzeugte.

Man kann die Blütenpflanzen, die diesen Abfall wagen, in drei Gruppen unterbringen. In der einen rücken all die Gestalten an, die sich heimlicherweise mit einem an Leichen schmausenden Pilzlein verbinden und von ihm Säfte beziehen, die es sich aus verwesenden Pflanzen- und Tierleibern hergestellt hat. In der zweiten Gruppe stehen die fleischfressenden Pflanzen, die in besonderen Fallen sich Tiere fangen, ihre Leiber verdauen und die aufschließbaren Zerfallsprodukte des Fleisches als Bausteine in ihrem Körper verwerten. In der dritten stehen die Erpresser- und Würgerpflanzen, die sich an andern Gewächsen tätlich vergehen und, wenn sie die Überfallenen auch nicht gerade ums Leben bringen, doch bestehlen und am Ertrag fremder Arbeit sich gütlich tun.

Die Zahl der Gewächse, die in der ersten dieser drei Gruppen untertauchen, ist unter den Blütenpflanzen Legion. Es gibt heute wohl mehr Wurzelpilzbündler, als es reine Rohköstler, reine Erd- und Luftfresser gibt. Gar so lang ist es ja noch nicht her, seit man von dieser interessanten Genossenschaftsbildung zur leichteren Gestaltung des Nahrungserwerbes die ersten Paradebeispiele inmitten unserer Flora entdeckte. Es schien auch zunächst, als ob die Mykorrhiza-Symbiose, wie man mit einem biologischen Fachausdruck die Erscheinung nennt, auf die Humusbewohner der Wald-, Heide- und Sumpfformationen beschränkt sei. Neuzeitforscher und Sucherglück haben jedoch den Rahmen des Bildes schier ins Riesenhafte ausgedehnt und gezeigt, daß eine Unmasse von Gewächsen aller Formationen und schier aller Familienkreise für Pilzbündnisse zu haben ist. Jährlinge, Stauden, Sträucher, Zwiebel- und Knollenpflanzen, Halbsträucher, Sträucher und Bäume, an deren selbständiger Ernährungstätigkeit man vor zwanzig Jahren nie gezweifelt hätte, haben sich als arge Humusschlemmer und Leichensalzschmauser entpuppt, ja bis in die fettesten Kulturböden hinein, wo (nach Menschenermessen) an Nährsalzen gewiß kein Mangel ist, entsendet der Pilzbündlerklub vereinzelterweise seine Anhängerschaften. Die einzige Formation, wo Pilzfäden nicht als Mithelfer an den Wurzeln von Blütenpflanzen erscheinen, ist der Wasserbereich. Schwimmenden und untergetauchten Wassergewächsen fehlen die Pilzgesellschafter immer.

Weniger fragwürdig als die Verbreitung der Mykorrhizabildung ist von Anfang an ihr Sinn gewesen. Bereits Schlicht war auf Grund bestimmter Beobachtungen zu der Vermutung gelangt, daß die Einrichtung unter dem Druck der wachsenden Mineralsalznot sehr humöser oder aus anderen Gründen schwer aufschließbarer Böden im Laufe der Zeit sich entwickelt habe. E. Stahl in Jena hat dann in einer vortrefflichen Arbeit die Bedeutung der Pilzsymbiose in einleuchtender Weise bloßgelegt. Seine Untersuchungen führten ihn zu der Erkenntnis, daß Verpilzung besonders häufig bei Pflanzen mit verhältnismäßig geringem Wasser-Stoffwechsel vorkommt, „dagegen fehlt oder doch wenigstens fehlen kann bei Gewächsen mit lebhafter Wasserdurchströmung der Assimilationsorgane". Stahl schloß hieraus, daß an die Gegenwart des Pilzes eine Leistung geknüpft sein müsse, durch die der Nachteil geringerer Wasserdurchspülung ganz oder doch teilweise behoben wird. Im weiteren Verlauf seiner Betrachtungen konnte er dann zeigen, daß diese Leistung des Pilzes — bei allen grünen Pflanzen — auf eine Mobilmachung der zerstreuten mineralischen Nährsalzbestände hinausläuft. Überall nämlich, wo Pilzfäden massenhaft zur Entwicklung kommen — und solcher Untergrund ist ja auf jedem Erdenfleckchen gegeben, wo Haufen von Pflanzenleichen, Insektenpanzern, Haaren, Federn, Knochen, Schuppen und Fleisch einer langsamen Verwitterung entgegengehen — hebt unter den Bewohnern alsbald ein rasender Kampf um die Nährsalze an. Bei diesem Kampf treten die auf Ausbeutung von Leichenteilen besonders gut eingerichteten niederen Pilze mit den grünen Pflanzen in sehr scharfen Wettbewerb. Es ist nahezu selbstverständlich, daß die Überlegenheit bei den Pilzen liegt. Im Gegensatz zu den Wurzeln der grünen Pflanzen sind ihre dünnen Saugschläuche ja äußerst reizbar für jene komplizierten chemischen Stoffe, die unter den Händen der Bodenbakterien und dem Einfluß von Regenwasser, Luftsauerstoff usw. aus den Leichenteilen entstehen. Sie werden infolgedessen jeder nährstoffreichen Bodeninsel sofort inne und krümmen sich auf sie zu, um sich u. a. auch in den Besitz der mineralischen Salze zu setzen, die beim Abbau der toten Teile aus den Leichen entbunden werden. Nur denjenigen höheren Pflanzen, die auf mächtigem Wurzelwerk den Boden durchstreifen und gleichzeitig durch Entwicklung eines umfangreichen Wasserspaltensystems in den Blättern für eine äußerst kräftige Wasserdurchspülung des Körpers Sorge tragen, ist es möglich, den Wettbewerb mit den Pilzen halbwegs erfolgreich durchzuhalten. Denn je gründlicher die Wasserdurchspülung ist, und je größere Bodenbezirke vom Wurzelwerk der Pflanze abgeschöpft werden, um so energischer — das ist klar — ist auch der Zulauf der wasserlöslichen mineralischen Salze. Dagegen kann allen Gewächsen mit nur schwächlich entwickeltem Wurzelgebäude und mäßigem Saughaarwerk im Nährsalzkampf mit den gewandten Bodenpilzen kein Weizen blühen.

Leider ist nun die Zahl der Blütenpflanzen mit kümmerhaftem Wurzelsystem überaus groß. Es gibt zahllose Arten, die aus unbekannten Gründen auch auf besten Unterlagen zur Anlage eines kräftigen Saugapparates überhaupt nicht mehr fähig sind. Und es ist gewiß, daß sie aus allen Formationen mit schwer aufschließbarem Mineralgehalt längst verschwunden wären, hätten sie sich nicht in den Bodenpilzen einen vollgültigen Ersatz für das mangelnde Wurzelwerk hergeschafft. Wir haben ja gehört, daß die Bodenpilze infolge der chemischen Reizbarkeit ihrer Saugschläuche außerordentlich gewandte Nährsalzfinder sind. Wie es nun im Menschenleben geht, daß ein armer Teufel, der Ideen hat, die sich geschäftlich verwerten lassen, sich mit einem verbindet, der über die nötigen Kapitalien verfügt, so ging es auch hier: die Pflanzen mit den dürftigen Wurzelorganen gingen, statt mit den beweglichen Pilzen weiter zu hadern, ein Bündnis mit ihnen ein und ließen sich die mineralischen Stoffe, die sie selbst nur mit Mühe und Not hätten ergattern können, unmittelbar in die Saftbahnen flößen. Sie selber führten allerhand mit Sonnenenergie geladene Kohlenstoffpatronen, die sie in ihren lichtumflossenen Blattkronen herstellten, an die im Dunkeln hausenden Wurzelpilze als Tauschware ab. Nun war jedem von ihnen geholfen, am meisten aber den Blütenpflanzen, da ihnen im verknäuelten Pilzfadengeflecht ein vollgültiger Ersatz für die fehlenden Wurzelhaare erstanden war.

Die zweite Gruppe von Blütenpflanzen, die die Selbständigkeit im Ernährungstrieb zugunsten einer Art näschiger Nebenversorgung mit Fleischrückständen aufgab, weiß von solcher Vergesellschaftung mit flinken Aasjägern nichts. Die Wurzeln aller fleischfressenden Pflanzen, zu denen bekanntlich unsere Sonnentauarten und Blasenkräuter, die wunderlichen Wasserschläuche, Taublätter und zierlichen Fettkrautarten gehören, sind stets vollkommen frei von jeder Verpilzung. Aber auch für diese Pflanzen ist es bezeichnend, daß sie in einer Umwelt leben, die entweder durch große natürliche Nährsalzarmut ausgezeichnet ist (Moortümpel) oder infolge starker Humusverfilzung der Mobilisierung der mineralischen Stoffe die größten Schwierigkeiten entgegensetzt. Es ist darum auch an diese Gewächse, wenn sie im Konkurrenzkampf nicht unterliegen wollten, bei Zeiten die Notwendigkeit herangetreten, sich neue Mineralsalzquellen zu erschließen. Wie ich vorhin schon andeutete, halfen sie sich durch Erstellung von Apparaten zum Tierfang aus der Klemme. Schon Darwin konnte es wahrscheinlich machen, daß in den Mägen, Kannen, Schläuchen, Tentakelkronen und wie sonst die Tierfallen noch heißen mögen, auf Gewinn stickstoffhaltiger Nahrungselemente hingearbeitet werde. Die Neuzeit hat Darwins Auffassung dahin erweitert, daß neben den assimilierbaren Stickstoffsubstanzen auch die wichtigsten mineralischen Nährsalze, besonders Kali und Phosphorsäure, aus den Tierleibern abfallen. Ja, es ist der Mineralsalzaufschluß, der in den Mägen getrieben wird, vielleicht sogar wichtiger als die Stickstoffgewinnung. Wie dem nun auch im einzelnen sei, in der Hauptsache besteht der Unterschied zwischen Pilzbündlern und Fleischfressern jedenfalls nur darin, daß jene unter der Erde jagen und sich mit Säften begnügen, die aus verwesenden, sowieso schon dem Tode verfallenen Tier- und Pflanzenleibern entquellen, während die Fleischfresser mit ihren oberirdischen Organen das Schnapphahngewerbe betreiben, Leben erst töten für ihren Zweck und ihre Opfer ausschließlich im Tierreiche suchen.

Die dritte Gruppe der Blütenpflanzen, die vom reinen Rohköstlertum zur mehr oder minder ausgedehnten Ernährung mit organisierten Stoffen übergegangen sind, umfaßt die Erpresser- und Würgerpflanzen. Mit ihnen, ihrer Lebensart und Verbreitung, ihrer Geschichte, Entwicklung, Vorgeschichte, Rassengliederung und, wenn ich so sagen darf, ihrer Philosophie haben wir uns im folgenden eingehend zu beschäftigen.

Ich stelle die einzelnen Typen dem Leser vor.

II. Vom Mundraub zum Erpressertum.

Als im Jahre 1910 alle Kulturstaaten gemeinsam eine Volkszählung unternahmen, um den Kopfbestand und das Wachstum ihrer Bewohnerzahl während des verflossenen Jahrzehnts festzustellen, führte ein amerikanischer Botaniker eine Volkszählung auch für das Pflanzenreich durch. Es konnte sich natürlich nicht darum handeln, die Zahl der Arten, die es wirklich gibt, zu ermitteln, sondern höchstens zu sehen, wie viele bekannt und beschrieben sind. Nach einer Mitteilung, die er der englischen Wochenschrift „Science" zugehen ließ, kam er auf insgesamt 210000 verschiedene Formen. Die einzelligen Algen, Pilze und Flechten traten mit 79160, die Moose mit 16600 Arten an. Ferner wurden 2500 Farne, 20 Schachtelhalme, 900 Bärlappgewächse, 140 Palmenfarne, 450 Nadelhölzer und 110000 Blütenpflanzen gezählt. Natürlich gibt die Statistik vom wahren Pflanzenbestand der Erde auch kein annähernd richtiges Bild. Denn nach beiläufigen Schätzungen anderer Autoren dürften die Algen und Pilze allein mit einer Viertelmillion Arten vertreten sein. Weit eher nähert sich wohl, von den Abteilungen abgesehen, die sich zwischen die Moose und Nadelhölzer einschieben und wegen ihrer Armzähligkeit leichter zu überblicken sind, die Statistik der Blütenpflanzen dem wirklichen Wert. Sie verfügen mit rund 110000 Formen über eine sehr stattliche Kopfzahl, aber diese Ziffer wird doch eigentlich erst recht lebendig, wenn man dagegen hält, daß Linné alles in allem nur 8551 pflanzliche Geschöpfe gekannt hat, daß um 1845 erst etwa 30000 Phanerogamen beschrieben waren und noch im Jahre 1892 Saccordo in seiner Statistik der Blütenpflanzen um annähernd 6000 Arten hinter der

Ziffer des Amerikaners zurückblieb. Man darf demzufolge vermuten, daß auch die Zahl 110000 sich mit der Zeit noch vermehren wird.

Ich habe mir die Mühe genommen aus den 110000 Blütenpflanzenarten die Zahl der Parasiten oder Schmarotzer herauszurechnen. Ich kam auf Grund der vorliegenden Kenntnisse auf 72 Gattungen mit rund 1380 Arten. Davon gehören 13 Gattungen mit 72 Arten der deutschen Flora an, der größere Rest entfällt auf die außereuropäischen Länder und schlüpft hier vorwiegend in die tropischen und halbtropischen Familien der Kolbenschosser oder Balanophoren, der Rafflesiazeen, Hydnorazeen und in die (vereinzelt auch bei uns vertretenen) Familien der Santel- und Riemenblumengewächse hinein.

Die fünf heimischen Familien, aus denen Pflanzen mit parasitischer Lebensweise abgeschwenkt sind, umfassen, wie gesagt, 13 Gattungen. Zwei hat die Familie der Riemenblumengewächse oder Loranthazeen gestellt. Sie heißen Riemenblume (Loránthus) und Mistel (Viscum); wie bekannt sein dürfte, leben beide auf Bäumen, ich behandle sie aus diesem Grund erst zum Schluß. Alle andern sind Erdbewohner. Sie splittern in der Hauptsache aus der Familie der Braunwurzgewächse (Skrofulariazeen) ab und heißen Augentrost, Zahntrost, Bartschie, Klappertopf, Läusekraut, Tozzie und Wachtelweizen. Den schmarotzenden Skrofelkräutern, Verwandten der Braunwurz, des Löwenmauls, Leinkrautes, der Ehrenpreise und Fingerhüte, schließen sich mit dem Bergflachs (Thésium) ein Santelgewächs, mit der Seide (Cuscúta) ein Windengewächs und mit Schuppenwurz (Lathraea) und Sommerwurz (Orobánche) zwei Sommerwurzgewächse an. Damit habe ich alle genannt.

Ich wünsche natürlich die Darstellung so zu halten, daß rein schon aus der Reihenfolge, in der ich die Pflanzen antreten lasse, ein Bild vom Werdegang des Parasitismus entsteht. Der Leser soll mit den Gestalten, die ihm nacheinander vorgeführt werden, in die Abfallbewegung von der Rohköstlerei gewissermaßen hineinwachsen. Er soll über die Revolution, welche die Ernährungsweise von Grund aus umgestaltet; nicht nur Bericht empfangen, sondern die Umwälzung gleichsam miterleben, soll sehen, wie aus bescheidenen Versuchen zur Ausnutzung des lieben Nachbarn und schier unschuldiger Zechprellerei sich allmählich ein regelrechtes Diebstum entwickelt, das von Kindesbeinen an sein Gewerbe berufsmäßig übt, ja ohne Diebstahl kaum mehr recht gedeihen kann. Er soll merken, wie die Gewöhnung an dieses Leben allmählich so ungünstig auf den Charakter der einzelnen Pflanzen einwirkt, daß aus bemitleidenswerten Mundräubern mit der Zeit gefährliche Erpresser, Würger und Mörder werden, die ihrem Wirt geradezu ans Leben gehen, ihn sozusagen selber verspeisen und von der Natur in der fahlen pilzigen Gewandfarbe ein Mal auf die Stirne gedrückt erhalten, woran man sie sofort aus tausend Redlichen und Halbredlichen heraus erkennt.

Aus all diesen Gründen habe ich mit Pflanzen zu beginnen, bei denen das Schmarotzertum noch in den sanftesten Formen sich äußert. Das sind die Augentroste (Euphrásia) und Zahntroste (Odontítes), wovon man auf den Bildern S. 27, 33 einige sieht.

Das Geschlecht der Augentroste ist sehr viel älter als das Menschengeschlecht. Denn das Erscheinen dieser Gattung reicht mindestens zurück bis ins mittlere Tertiär. Ihr Ursprungsherd liegt nach dem Dafürhalten R. v. Wettsteins, des Wiener Augentrostspezialisten, im südöstlichen Asien. Von hier schickte sie einen Strahl nach Südamerika, zu Zeiten, als dieser Erdteil noch auf dem Landwege von Asien aus erreicht werden konnte. Beweis dafür sind die 14 Arten, womit die Gattung heute noch in Südamerika ansässig ist. Von einer zweiten Rotte wurde die außertropische Region der nördlichen Erdkugelhälfte bezogen. Die Wanderungen dieses kälteren Strahls führten über Europa und Grönland hinweg bis in den Norden Amerikas und müssen spätestens gegen Ende des Tertiärs vollendet gewesen sein, denn bereits zu Beginn des nächsten Zeitalters wurde die Landbrücke zwischen Europa und Nordamerika zerstört, so daß die Ausbreitung dahinüber sich nicht mehr hätte ermöglichen lassen. Aus der Jetztzeit ist diese kältere Rotte mit 73 Arten bekannt.

Von diesen 73 Arten sind im deutschen Florengebiet 10 niedergelassen, doch vermehrt sich ihre Zahl beim Eintritt in die Alpenregion auf ungefähr 15. Sie sind ausnahmslos Jährlinge, d. h. sie keimen im Frühjahr auf und sind im Spätherbst bereits wieder abgestorben, stehen aber oft noch den ganzen Winter über dürr und aufrecht am Platz, lassen den Eiswind um ihre schwärzlichen Samengehäuse spielen und die Brut von ihm entführen.

Im Aussehen unterscheiden sie sich von den unabhängigen Rohköstlern nicht. Sie stoßen mit kleinen, hartgrünen, oft braun bis schwärzlich übertönten, lebhaft gezähnten oder begrannten Blättern ins Luftmeer hinauf und lassen die Blättchen getragen sein von einem ziemlich derben, zähfaserigen Stengelwerk, das steif in die Höhe steht und sich von unten herauf mehr oder weniger üppig vergabelt. Sie gleichen dann zierlichen, etwas sparrig gebauten Zwergsträuchern oder haben etwas von der Tracht der Schwarzpappel an. Mehr als Fußlänge erreichen indessen auch die wüchsigsten Augentrostarten nicht. Der Zwergaugentrost der Gebirgsmatten, der deutschen Boden nur auf der kleinen Schneegrube im Riesengebirge und in den bayrischen Alpen heimsucht, ist gar nur ein Däumling.

Zu finden sind die Augentroste sehr leicht. Man begegnet ihnen vom Frühsommer an überall, wo Gräser, Kräuter und Stauden in dünn gewobenen Rasen oder in einzelnen Horsten beisammen stehen. Innerhalb dieses Rahmens gliedern sich unsere Augentroste von den Küsten der Nordsee bis nahe zur Schneegrenze hinauf gleich willfährig allen Formationskreisen des bebauten und unbebauten Landes an; mit Schlagstreifen und grasigen Wegen dringen sie auch in Wälder, erscheinen aber doch nirgends üppiger als auf Triftwiesen der Hügelregion und den Bergmatten der Hochgebirgslagen.

Den Almbesitzer stimmt solcher Anblick recht grau, er schilt den Augentrost M i l c h d i e b, Hungerblüemli und Gibinix, weil er nur ein mäßiges Futter abwirft und besseren Kräutern den

Boden versetzt. Aber wer auf den Bergwiesen keine Kapitalien liegen hat, mag zur späten Hochsommerzeit und im beginnenden Herbst an so einem Augentrostfeld seine Freude haben. Denn um diese Zeit kommen die meisten Arten zum Blühen, und dann gehört dieses Pflänzchen wohl zum Schönsten von dem, was im Untergrund der Grasflurbestände sich so spät im Jahr noch erhebt. Aus allen Blattwinkeln schießen allerzierlichste Helme auf, die die zweiseitig-symmetrische Form des Tierkörpers haben und im ganzen dem typischen Rachenbau aller Skrofulariazeenblüten nachgemacht sind. Durch einen breiten Mund, der direkt zur Seite steht, geht es in einen schmalen Rachen hinein, der von einer flugbrettartig vorstehenden dreispaltigen Unterlippe eingefaßt und von einer helmartig aufgebogenen Oberlippe schmuckvoll überragt ist. Die Blüte birgt vier Staubgefäße, die mit dem Griffel im Schutz des Helmdachs zusammenrücken. Trotz dieser Übereinstimmungen schauen die einzelnen Arten mit recht verschiedenen Gesichtern in die Welt und halten es bald mit großen, bald mit kleinen Honiginsekten. Fast immer werden vier Farben, Weiß, Blaßblau, Violett und Gelb, an einer Blume verwendet und so über die Schaufläche verteilt, daß eine den Grundton liefert, während die andern ihr in einfachen hübschen Zeichenmustern eingelegt sind. Man hat also beispielsweise blaßblaue Blüten mit gelbem Kehlfleck und violettlich gestreifter Unterlippe, oder hat eine fleischrötliche Blume mit gelbem Mal und schneeweißem Helm. Oder es ziehen über der hellen Unterlippe ganze Strahlenbündel blaßblauer, weinroter, braunvioletter und purpurfarbiger Saftmale auf und verschwinden im Hals.

Von diesen Pflanzen zu den Zahntrostarten (Odontites) reicht ein so kurzer Schritt, daß man letztere bis in die neueste Zeit hinein mit den Augentrosten zu einer Gattung vereinigt hat. Der neue Name führt ja auch in der Tat außer ein paar bedeutungslosen formalen Verschiedenheiten in der Kronblattbeschaffenheit und der mattpurpurnen Blütenfarbe gar keine neuen biologischen Besonderheiten ein. Er bereichert die Liste lediglich um zwei Jährlingsformen, von denen die eine (Strandzahntrost) die Wiesen der deutschen Küstengegenden und ihrer Inselanschlüsse bewohnt, die andere (Frühlingszahntrost, s. d. Abb. S. 27) im Kulturland der Niederungen und Hügelgegenden ganz Europas sich findet.

Der Leser wird sich inzwischen gesagt haben, daß an all den Merkmalen, die zur Kennzeichnung der Augen- und Zahntrostarten angeführt wurden, zwar viel Bezeichnendes, aber nichts irgendwie Ausnahmehaftes oder Befremdendes ist. Es sind Merkmale, wie jede andere Pflanze sie haben kann. Ja nicht einmal die gewaltsame Öffnung eines der kleinen nüßchenartigen Augentrost- oder Zahntrostsämchen schließt mit außergewöhnlichen Entdeckungen ab. Der Embryo besteht aus einem kurzen Keimstämmchen mit zwei Keimblättchen daran und einem ansehnlichen Dottersack. Er treibt auch, wenn man ihn dem Boden übergibt, ganz normal aus und läßt ein langes Hauptwürzelchen sprießen, das sich weiter verzweigt und im Boden nach Nahrung sucht. Sticht man jedoch eine erwachsene Pflanze zusammen mit dem umgebenden Gekräute aus dem Boden und wäscht den Wurzelballen sorgfältig aus, so entpuppt sich der Schelm: man wird finden, daß das haardünne Faserwerk des Augen- oder Zahntrostes allenthalben fest mit den Wurzeln der Nebenpflanzen verbunden ist. Untersucht man auch die Verbindungsstelle genauer, so merkt man bald, daß an der Augentrostwurzel und Zahntrostwurzel rundliche kleine Knötchen sitzen und daß von ihnen die Festheftung besorgt wird. Man muß dazu allerdings eine Lupe nehmen, denn die Knötchen haben selten mehr als einen halben Millimeter im Durchschnitt.

Diese winzigen Höcker sind die Saugwarzen der Pflanze. Ihrer Herkunft nach sind sie rückgebildete Nebenwurzeln. Aber sie fressen nicht Erde, sondern haben sich, wie man sieht, eine andere Beschäftigung ausgesucht. Worin mag sie bestehen?

Mustert man eine genügend große Zahl verschiedener Arten durch, so ergibt sich zunächst, daß die Knötchen den fremden Wurzeln sich auf zweierlei Weise nähern. Die einen pressen sich ihrer Unterlage nur sehr fest an (s. d. Abb. A S. 22); sie umwachsen sie weder, noch bohren sie sich in sie hinein. Es kann höchstens vorkommen (s. d. Abb. B), daß in der Mitte der Berührungsfläche der

Saugwarzenkopf sich kegelartig erhebt (sf); die Wirtswurzel gibt in diesem Fall nach, und es bildet sich in ihr eine Vertiefung oder Dalle (tr), in welche der Saugwarzenkopf hineinpaßt wie der Kopf eines menschlichen Oberschenkelknochens in die zugehörige Pfanne. Die Saugwarzen der schärferen Tonart versuchen die Wirtswurzel bereits von den Berührungsrändern her lippenartig zu umgarnen und sich in sie hineinzudrängen. Mit der Annäherungsweise ändert auch der innere Bau der Wärz-

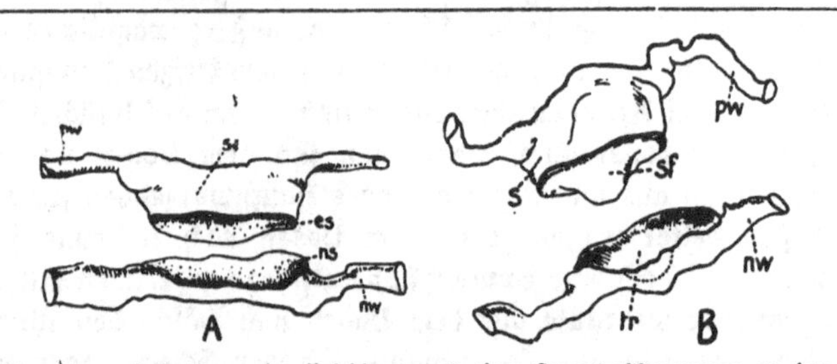

Schema zur Erläuterung der Befestigungsart einer Augentrostsaugwarze an der Nährwurzel. Parasit und Ernährer von einander getrennt.

In A ist eine Saugwarze dargestellt, deren Kopf (s) sich mit dem plattgedrückten Scheitel (es) der Nährwurzel (nw) nur ganz flach anlegt. In B hat der Saugwarzenkopf (s) einen kegelartigen Fortsatz (sf) gebildet, der in eine entsprechende Vertiefung (tr) der Nährwurzel (nw) paßt.

chen. Die vom ersten Typus lassen auf Querschnitten einen Fleischkern aus kleinkammerigem Gewebe erkennen, der die häutige Schale gleichmäßig ausfüllt. Die vom zweiten Typus beherbergen inmitten des Fleischkerns ein dünnes, saftleitendes Gefäßästchen, das vom Gefäßbündelsystem der Augentrostwurzel abzweigt und den Saugwarzenkopf bis zur Spitze durchzieht. Hier tritt es, von einer Scheide dickwandiger Zellen umgeben, durch eine mundartige Öffnung aus, durchbohrt die Rindenschichten der Wirtswurzel und schließt sich in Form eines schmalen rüsselartigen Saugfortsatzes, dem Rüssel einer blutsaugenden Stechmücke vergleichbar, unmittelbar an die Saftbahnen des Opfers an. So viel man weiß, vermitteln ganz feine Haare oder schlauchartig vorwachsende Hautsinneszellen die erste Annäherung. Sie ergreifen die fremde Wurzel, worauf unter dem Einfluß des Reizes, den die Tastkörperchen auffangen, die Augentrostwurzel an der Berührungsstelle einen klebrigen Stoff abscheidet, der die Beutewurzel fürs erste festhält. Jetzt erst setzt die Entwicklung der Saugwarze ein.

Daß die Augentroste und Zahntroste nicht aus bloßem Spieltrieb, gewissermaßen zum Jux, solche Wärzchen entwickeln, sondern die fremden Pflanzen einfangen und anstechen, weil sie dort etwas suchen und finden, war von vornherein klar. Aber über die Leistungsfähigkeit der Wärzchen und über die Natur der Stoffe, die von ihnen geholt werden, ist man ziemlich ratlos gewesen, bis in neuerer Zeit durch Versuche, insbesondere durch die vortrefflichen Arbeiten R. v. Wettsteins und des Innsbrucker Botanikers Heinricher die Funktion der Knötchen ziemlich gut aufgeklärt worden ist.

Es fiel vor allen Dingen auf, daß alle Augen- und Zahntroste überaus wasserbedürftige Wesen sind. Sie welken abgeschnitten außerordentlich rasch, brauchen also viel Wasser. Verläßliches in dieser Hinsicht hat man freilich erst neuerdings durch die mustergültigen Verdunstungsversuche von Rudolf Seeger erfahren (1910). Er hat kräftige Frühlingszahntroste (Odontítes verna), Bergaugentroste (Euphrásia rostkoviána) u. a. dem Boden entnommen und im Schatten, bei etwa 30 Grad Wärme und Wind, an die Luft gelegt. Die Blätter waren unter diesen Umständen (je nach der Art) nach 40 bis 50 Minuten bereits brüchig verdorrt. Noch schneller welkten die Blätter ab, wenn sie, von der Pflanze losgetrennt, zu Heu gemacht wurden. In solchem Fall, wo ihnen das im Stengel enthaltene Wasser nicht als Zehrung zur Verfügung stand, war es schon nach 28 Minuten um sie geschehen.

Einen noch besseren Überblick über das Verdunstungstempo liefern Versuche mit Kobaltpapier, die jeder leicht nachmachen kann. Man nimmt einen Bogen Filtrierpapier, kauft sich in der Apotheke eine 5proz. Kobaltchloryrlösung, tränkt das Papier damit voll und läßt es sorgfältig trocknen; es nimmt dann eine schön-blaue Farbe an. Will man jetzt eine Pflanze auf ihre

Verdunstungstätigkeit untersuchen, so pflückt man ein Blatt, legt es zwischen zwei Streifen Kobaltpapier, als wollte man es pressen, hütet sich aber ja, das Blatt irgendwie zu drücken, und bettet es sorgfältig zwischen zwei gläserne Objektträger ein. Alles Wasser, das das Blatt durch seine Spaltöffnungen abdampfen läßt, schlägt sich bei solcher Anordnung auf dem Kobaltpapier nieder und färbt es rot. Wird die Durchfeuchtung infolge lebhafter Wasserverdunstung sehr stark, so zieht das Papier außerdem Blasen.

Ein Zahntrost- oder Augentrostblatt, frisch von einer kräftigen Pflanze gepflückt, bewirkt unter solchen Umständen sofort beim Einbringen auf beiden Seiten eine deutliche Rötung des Kobaltpapiers, die vom Rand gegen die Mitte hin fortschreitet. 7 bis 8 Minuten später hat es schon so viel Wasser verdunstet, daß sich auf dem Papier Blasen bilden, und eine Stunde später hat es seinen ganzen Wasservorrat verpufft. Dementsprechend rötet sich auch mit dem Blatt einer Pflanze, die ³/₄ Stunden vorher entwurzelt und der Sonne ausgesetzt worden ist, das Kobaltpapier nicht mehr, ein Zeichen dafür, daß in diesen kurzen drei Viertelstunden alles Wasser an die Atmosphäre entwichen ist. In der Tat ist ja auch nach ³/₄ Stunden das Laub schon ganz verschrumpft und trocken geworden. Versuche mit der Wage, die allerdings einige verwickelte Rechnungen nötig machen, lassen das Wasser, das in der Zeiteinheit abgegeben wird, aber auch der Menge nach bestimmen und zeigen, verglichen mit den Verdunstungswerten, die andere Pflanzen liefern, besonders kraß den außerordentlich hohen Wasserbedarf dieser Augen- und Zahntrostarten. In der Arbeit von Seeger findet sich eine Tabelle, woraus hervorgeht, daß die Alpenrose mit 5 Quadratzentimetern Blattfläche in 10 Minuten nur 0,48 Milligramm Wasser verbraucht, daß die weiße Taubnessel 3, die Seerose 4 und der den Augentrosten nah verwandte Gamanderehrenpreis 6 Milligramm Wasser innert 10 Minuten verlieren. Die Zahntroste und Augentroste hingegen lassen innerhalb derselben Zeit 18 und 19 Milligramm von einer gleich großen Blattfläche nach außen abströmen. Ihr Wasserstoffwechsel ist also 3-, 4-, 5- und 40fach größer als der anderer grüner Pflanzen mit selbständiger Ernährungstätigkeit. Die Augen- und Zahntroste haben sich aber auch auf die erhöhte Wasserabgabe vorzüglich eingerichtet. Sie begnügen sich nicht damit, auf einem Quadratmillimeter Blattfläche oberseits etwa 100, unterseits etwa 130 Spaltöffnungen anzubringen, durch die das überflüssige Stoffwechselwasser in Dampfform entweichen kann. Sie besetzen ihre Blattunterseiten außerdem dicht mit wasserausscheidenden Drüsenhaaren, von denen die Verdunstungsgeschäfte sofort übernommen werden, wenn infolge Verschlusses der Spaltöffnungen (Nachtzeit) das Wasser nicht mehr auf seinem regelrechten Wege nach außen abgeführt werden kann.

Natürlich entstammt alles Wasser, das auf diesem Wege entfernt wird, dem Boden. Dort saugen die Wurzeln es auf und bilden in den sogenannten Wurzelhaaren besondere Organe zur Beschaffung der Feuchtigkeit. Man sollte nun meinen, daß Pflanzen, die einen so rasenden Wasserverbrauch haben, wie die Augen- und Zahntroste, auch ein ganz besonders reich entwickeltes Wurzelhaarsystem aufweisen müßten. Dem ist aber anders. Die Wurzelhaare sind nur schwächlich entwickelt, ja sie fehlen einzelnen Arten fast ganz. Mit der geringen Wasserdurchspülung, die der spärliche Wurzelhaarbesatz unabwendbar zur Folge hat, ist natürlich, solange die Pflanze ganz auf sich angewiesen bleibt, auch eine überaus dürftige Mineralsalzernährung verbunden. Das bedeutet Abnahme der Entfaltungskraft, Rückgang der Wettbewerbsfähigkeit, Ausschaltung aus der Liste der Lebenden. Damit es soweit nicht kam, gab es nur einen Weg: die Augentroste und Zahntroste mußten danach trachten, das Wasser und die Nährsalze, die sie sich mangels der Saughaare in genügender Menge nicht unmittelbar aus der Erde beschaffen konnten, mit anderen Mitteln zu erbeuten. Da nun nichts unternommen wird, als der Überfall auf andere Pflanzen, schloß man, daß ihr Schmarotzertum im wesentlichen auf den Raub von Wasser und Mineralsalzen ausgehe. Derartiges konnten die einfachen Saugwärzchen ihrem Bau nach ja auch ganz gut leisten. Diejenigen, die sich mit fester Anschmiegung an eine fremde Unterlage begnügen, werden immerhin imstande sein, durch die dünnen trennenden Wandschichten Wasser aus dem Wirtsgewebe herüberzusaugen und vielleicht auch einige Salze zu erbeuten, für deren Moleküle die Zellwände durchlässig sind. Die andern, deren Saugwarzen durch enzymatische, den Zellwandstoff zersetzende Ausscheidungen an der Berührungsstelle das Wirtsgewebe zerstören und eine Wunde schaffen, durch die der eindringende Saugfortsatz sich einen unmittelbaren Anschluß an die Saftbahnen der Wirtswurzel ergattert, werden es noch leichter haben und sogar einen beträchtlichen Nährsalzgewinn bei dem Einbruch erzielen.

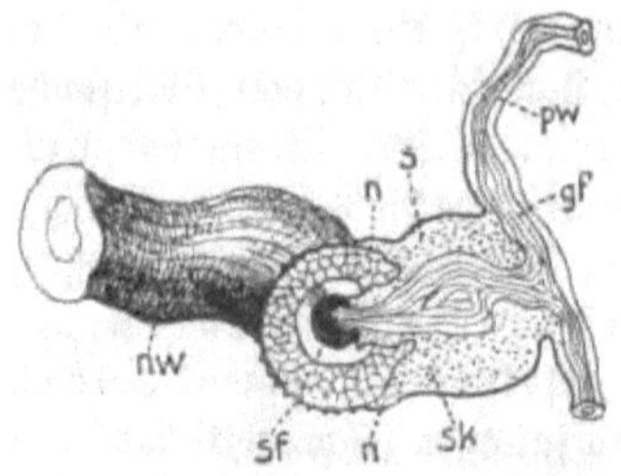

Schematische Wiedergabe einer Halbschmarotzer-Saugwarze, die das Nährwürzelchen innerlich anpackt.
Die Saugwarze (s), von der Parasitenwurzel (pw) ausgehend, hat eine Nährwurzel (nw) gefaßt. Die Anbißstelle ist im Querschnitt getroffen. Man sieht, wie die Saugwarze mit ihrem Kopf (sk) an den Rändern n die Nährwurzel leicht umwallt und sich mit dem Saugfortsatz (sf) in die saftleitenden Gefäße der Nährwurzel einbohrt.

Jahr um Jahr häuften sich, herbeigeschafft von der experimentellen Pflanzenbiologie, die Anzeichen dafür, daß diese Auffassung für die Augen- und Zahntroste richtig sei. Immer klarer aber wurde es auch, daß innerhalb der einzelnen Gattungen Formen vorhanden sind, bei denen der Parasitismus noch keineswegs zu den Lebensnotwendigkeiten gehört. Eine solche Form ist der früher schon erwähnte rote Frühlingszahntrost (Odontites verna), der im Mai und Juni erblüht und in einer Herbstform (s. d. Abb.) nochmals von August an erscheint.

An seinen natürlichen Standorten, auf Äckern und wo er sonst noch in Gesellschaft anderer Pflanzen wächst, findet man den Frühlingszahntrost stets an die Wurzeln der Mitbewohner angeschlossen. Er erreicht dann eine Höhe von 40 Zentimetern und in der Herbstform noch mehr. Ja, es hat sich gezeigt, daß er an Plätzen, wo andere Pflanzen zufällig fehlen, aber einige Frühlingszahntroste in erreichbarer Nähe beisammenstehen, sogar den Artgenossen überfällt und alle drei oder vier sich

Herbstform des Frühlingszahntrostes (Odontites verna var. serótina).
(Aufnahme von J. Kettenhuemer.)

aneinander anschrauben. Wer von ihnen durch früheres Keimen zufällig einen kleinen Wachstumsvorsprung besitzt, gedeiht auf Kosten der Genossen, überragt sie bald an Größe und Kraft, bildet Seitenäste und blüht, während die Ausgenutzten, ohne geblüht zu haben, verzwergen. So verhält sich diese Art auch bei Anlage sogenannter Dichtsaatkulturen, die man dadurch erhält, daß man in einem Blumentopf, am besten auf Sand, eine größere Anzahl von O. verna-Samen, ohne Zugabe fremdartiger Pflanzen, einbettet. Es entwickeln sich dann wenige unter Ausbeutung der andern. Es fällt zwar sofort auf, daß auch die stärksten Pflanzen der wirtslosen Dichtsaatkulturen nie die Größe der ackerständigen Zahntroste erreichen; sie werden höchstens ein Drittel oder Viertel so hoch. Der Artgenosse, der als Wirt angenommen wird, vermag also keinesfalls ein Gras oder eine sonstige Pflanze voll zu ersetzen; er liefert weniger Nahrungszuschuß, so daß der Dieb kleiner bleibt als im Feld. Immerhin ist dieses wenige noch besser als gar nichts. Aus diesem Drang heraus greift im Freiland das Pflänzchen, sobald sich Gelegenheit zur Näscherei an fremden Tafeln bietet, stets zu; auch unter Brüdern wird immer betont, daß jeder sich selbst der Nächste sei.

Aber die Nahrungsbeschaffung durch Mundräuberei ist, trotz ihrer offenkundigen Förderlichkeit, nicht unerläßliche Voraussetzung für die Erhaltung des Lebens. Der Frühlingsaugentrost kommt auch ohne fremde Hilfe leidlich gut fort, blüht und trägt im günstigsten Fall sogar Früchte.

Heinricher hat das unzweideutig bewiesen, und jeder wird ihn nachprüfen können. Er hat Samen des Frühlingszahntrostes, jeden für sich, in einen Topf mit Flußsand gesetzt. Der Sand war sorgfältig ausgewaschen, so daß er weder von lebendigen noch von toten Geweben tierischer oder pflanzlicher Herkunft erreichbare Spuren enthielt. Die Pflänzchen wurden in üblicher Weise gepflegt. Zur nicht geringen Verwunderung Heinrichers entwickelten sie sich zu verschiedenen Höhen und einige legten auch Blüten an. Untersuchung des Wurzelwerkes dieser blühfähigen Exemplare ergab einen reichen Schopf langer, dünner Fasern und daran einen auffallend guten Saughaarbesatz, der alles erklärte. Es konnte zwar nicht entgehen, daß diese Selbständler klein und schwächlich waren im Vergleich zu Exemplaren, die im Vollgenuß der Erträgnisse einer Wirtspflanze standen, und daß auch keineswegs alle die innere Kraft zur restlosen Vollendung des Lebenskreislaufes besaßen. Aber sie waren doch auch ohne Amme nicht glattweg verloren.

Und noch eine kleine, nicht unwichtige Beobachtung wurde gemacht: die Pflänzchen in wirtsfreier Einzelkultur erzeugten nirgends Saugwarzen. Es muß irgendein Nährobjekt vorhanden sein, das im Augenblick der Berührung einen besonderen chemischen Reiz auf das Würzelchen des Erpressers ausübt, damit dieser zufaßt. Dabei ist der Hauptton auf das Wort chemisch zu legen, denn wenn der einfache Berührungsreiz genug Anregung zur Warzenbildung böte, möchte es schon beim bloßen Hinwandern durch den Sand, wo das Würzelchen ja unausgesetzt die härtesten Berührungen mit kleinen Steinchen zu überstehen hat, allenthalben zur Anlage von Saugwärzchen kommen. Das ist aber nicht der Fall.

Dagegen ist es bis heute noch keineswegs aufgeklärt, ob der förderliche chemische Reiz notwendig von einer lebenden Pflanzenwurzel ausgehen muß, oder ob vom Frühlingsaugentrost nicht auch tote Teile, seien sie nun pflanzlicher oder tierischer Natur, im Notfall angepackt werden. Hier bietet sich jedem Naturfreund und Laienbruder, der sich zur Mitarbeit an wissenschaftlichen Problemen heranziehen lassen will, ein hübsches Versuchsfeld. Man hätte in mehreren Töpfen mit keimfreiem Flußsand verwelktes Laub, moderndes Gekräute, abgestorbene Wurzelfasern oder faulendes Holz unterzubringen und (im Spätherbst) in jeden Topf einen Samen des Frühlingsaugentrostes zu tun. In andern Töpfen wären die toten pflanzlichen Stoffe durch tierische (Hühnerfüße, Knorpel, Sehnenbänder, ein Stückchen Fell oder Vogelbalg) zu ersetzen. Man hätte dann, wenn die Pflänzchen im kommenden Februar aufgekeimt und bei geeigneter Pflege — Aufstellung an einem sonnigen Platz und gutes Begießen wäre unerläßlich — groß geworden sind, zu prüfen, ob sie sich an den toten Stoffen angesaugt haben und wie ihnen gegebenenfalls der Anschluß bekommen ist.

Für Leser, die hierzu Lust haben sollten, will ich bemerken, daß die Versuche wahrscheinlich in durchaus bejahendem Sinne ausfallen werden. Wir dürfen das vermuten auf Grund von Erfahrungen, die Heinricher bei Aufzucht der Frühlingszahntroste auf H u m u s b ö d e n erzielt hat. Humus ist ja, zumal bei recht mulmiger Beschaffenheit, im Gegensatz zum rein mineralischen Sand, eine Erde, worin in überraschender Vielseitigkeit die verschiedenartigsten Zersetzungserzeugnisse von Tier- und Pflanzenleichen sich vorfinden. Einige von diesen stehen jeder Pflanze als ergiebige Nahrungsquelle bereit. Es sind das die durch die Tätigkeit der Mikroorganismen schon am weitesten mineralisierten Stoffe, und unter diesen sind die Stickstoffverbindungen von besonderem Wert. Denn Stickstoff ist einer der wichtigsten Nährstoffe der Pflanze. Sie erhält ihn zwar in Form des Ammoniaks vom Regenwasser aus der Luft zugeführt, aber sie erhält auf diesem Wege nur unzureichende Mengen, so daß sie dauernd stark auf jene Stickstoffverbindungen angewiesen ist, die von den Bodenbakterien in Form von salpetersauren Salzen bei der Zersetzung verwesender E i w e i ß k ö r p e r freigemacht werden. Nun ist es aber eine alte Erfahrung, daß die Pflanzen nicht immer warten können, bis Bodenbakterien den Abbauprozeß der Eiweiße ganz zu Ende geführt haben. Sie würden verhungern inzwischen. Um dem zu entgehen, nehmen sie auch Stickstoffverbindungen, die ihres organischen Charakters noch nicht vollkommen entkleidet sind, mit Hilfe der Wurzelhaare auf und verarbeiten sie.

Zu dieser Art von Stickstoffzehrern gehören allem Anschein nach auch die Frühlingszahntroste. Nicht nur, daß bei Einzelkultur dieser Pflänzchen in alter, von Bodenorganismen gut durchgearbeiteter Humuserde die Zahl der Exemplare, welche die Frühreife erreichten, im Vergleich zu denen in Sandkultur gesteigert war, — Heinricher sah auch die Pflanzen der Humustöpfe viel kräftiger werden als die der Sandtöpfe. „In der Sandkultur," schreibt er, „erstanden Zwergpflanzen, die sich nie verzweigten und meistens nur eine Blüte erzeugten." In den

Humuskulturen hingegen „wuchsen viel größere Pflanzen mit wesentlich größeren Blättern, zum Teil mit blühenden Seitensprossen, so daß sie schwächeren Exemplaren, wie man sie im Freien findet, glichen. Auch die Blütenzahl der auf Humus erwachsenen Pflanzen war bedeutend höher. Es wurden an einzelnen Pflanzen über 30 Blüten gezählt.“ Durch Saugwarzen oder Haustorien, wie man auch sagt, wurde jedoch in allen diesen Fällen die Nahrung nicht zur Stelle geschafft, sondern durch Wurzelhaare. Das ergab der Befund.

Wie aber, wenn die mulmige Zersetzung der Leichenfasern noch nicht soweit gediehen ist, daß die Saughaare an den tiefheruntergebauten, schon nahezu mineralisierten Mulmbestandteilen etwas zu beißen finden? Wenn der Augentrost auf der einen Seite nährstoffarmen Sand und auf der andern noch nicht verrottete, eben erst erstorbene Tier- oder Pflanzenteile als Unterlage zugewiesen erhält? Wird er sich dann auch auf die Ausbeutung des Sandes durch Wurzelhaartätigkeit beschränken oder die toten Einlagen, die dem Aufschluß durch Wurzelhaare noch nicht zugänglich sind, durch Haustorien zu erfassen und aus ihnen jenen Nahrungszuschuß zu gewinnen suchen, den er in altem Humus durch bloße Wurzelarbeit sich verschafft? Und wie verhält sich das Pflänzchen gegenüber toten Teilen tierischer Herkunft? Heinricher sah bei seinen Humuskulturen einmal einen Frühlingszahntrost mit einer Saugwarze an einen Holzschilfer, ein andermal an eine Samenschale sich anhängen. In der Regel aber wurden Holztrümmer, Zweigstückchen und dergleichen von den Wurzeln durchwachsen, ohne daß es zu einer Anheftung kam. Es ist sehr gut denkbar, daß in armem Sandboden das Pflänzchen den gleichen Einlagerungen gegenüber sich anders verhält als im Mulm. Das eben wäre durch die Versuche, zu denen ich die Anregung gab, zu erfahren.

* * *

Schon tiefer in der Abhängigkeit von einem Wirt stecken alle andern bisher untersuchten Zahntrost- und Augentrostarten: sie kommen, einzeln erzogen, nie mehr zur Durchführung des

Blütenlebens. Verhältnismäßig noch am selbständigsten bewährt sich der früher schon erwähnte Zwergaugentrost (Euphrásia mínima) steiniger Hochgebirgsmatten, dessen Blütezeit in den Spätsommer fällt. Er legt zwar bei Einzelkultur ohne Wirt in ganz geringer Menge Blüten noch an, aber er ist anscheinend nicht imstande, sie auszutragen. Sobald er jedoch nur zwei, drei Artgenossen zur Ausbeutung zur Verfügung hat, gelingt ihm auch dies. Er bedarf also zur geordneten Erledigung des Lebenskreislaufes eines, wenn auch ganz geringen Zuschusses an parasitischer Nahrung. Wieder verdankt er der Fähigkeit zur Entwicklung eines sehr ausgiebigen Saughaarsystems die vergleichsweise große Unabhängigkeit in der Lebensführung.

Bei diesem Däumling zeigt sich auch am schönsten, wie sehr Einbruch in fremde Pflanzen die Entfaltung zu heben vermag. Während der von jeder Diebstahlsgelegenheit abgeschnittene Zwergaugentrost Stämmchen von höchstens Fingernagellänge entwickelt, wächst er bei Anschluß an einen leistungsfähigen Wirt zu Exemplaren von Handhöhe heran. Es ist eben so, daß der parasitische Nahrungszuschuß, wenn er schon von Kindesbeinen an zufließt, der Pflanze die Entfaltung eines stärkeren Laubwerks gestattet. Das reichentwickelte Laubwerk hinwiederum ermöglicht eine sehr energische Kohlenstoffanreicherung, und diese Seite der Ernährungstätigkeit kommt natürlich auch wieder den Wurzeln zugut, indem sie sich, von Stärkestoffen zehrend, nun weit in die Breite spinnen und den Wirt mit zahlreichen Saugwarzen umgarnen können. So greift ein Rädchen ins andere ein.

Einen weiteren Schritt bergab machen der aufrechte Augentrost (Euphrásia stricta) und die Herbstform des Bergaugentrostes (E. rostkoviána). Sie legen bei Einzelkultur ohne Wirt nicht einmal Blüten mehr an, sondern gehen nach zweimonatlichem bis halbjährigem Vegetieren unfehlbar an Erschöpfung zu Grund. Auch in wirtsloser Dichtsaatkultur, wo eines der Pflänzchen am andern schmarotzen kann, lassen sich nur in ganz günstigen Fällen blühende Exemplare erzielen, aber auch sie sind regelmäßig sehr klein und fruchten kaum. „Je weniger das einzelne Individuum selbsttätig für seine Ernährung aufzukommen

Herbstform des Bergaugentrostes (Euphrásia rostkoviána).
(Aufnahme von J. Kettenhuemer.)

vermag," meint Heinricher im Hinblick auf diesen Befund, „um so schwerer wird es ihm auch, im Falle der Beschränkung parasitischer Nahrungsaufnahme auf die allein zugänglichen Artgenossen jene Nährmenge zu erlangen, die zur kümmerlichen Vollendung des Lebenslaufes genügt." Er hat gewiß recht.

* * *

Inzwischen wird da und dort einer die Frage sich vorgelegt haben, welche Pflanzen nun eigentlich den Zahn- und Augentrostarten als Wirte dienen. Fallen sie über jedes Würzelchen her, das ihre Wege kreuzt, oder laden sie sich nur bei ganz bestimmten Pflanzen zu Gaste?

Die Klarlegung dieses Problems ist mit ziemlichen Schwierigkeiten verbunden. Die Hauptschwierigkeit liegt, wie schon Wettstein betont hat, darin, daß die Würzelchen der Zahn- und Augentroste außerordentlich zart sind und bei Ausschwemmung der Ballen leicht reißen. Anderseits sind sie zu Beginn der Blütezeit, wenn die Euphrasien eigentlich erst recht auffällig werden, schon dem Absterben nahe. Sie werden ja bald nach der Keimung angelegt und haben in der Zeit zwischen Frühjahr und Hochsommer, wo der Erpresser sein oberirdisches Gebäude errichtet und die Reservestoffe für den Blütenbildungs- und Fruchtungsakt erzeugt, das meiste zu schaffen. Dann gehen die älteren mählich ein, weil die Wirtswurzel an der Angriffsstelle abstirbt und sie nichts mehr zu holen finden. Oder Tiere haben die Verbindung schon vorher zerrissen. Aus all diesen Gründen brauchen Wirtsuntersuchungen am natürlichen Standort nicht unbedingt zuverlässig zu sein. Man begnügte sich daher mit dem Ungefähr, das der Augenschein liefert. Draußen findet man die Augen- und Zahntroste gewöhnlich in Gesellschaft von Gräsern, und unter diesen treten Rietgräser und echte Gräser in gleicher Weise hervor. So hatte sich denn unter dem Eindruck der Standortsvorkommnisse allmählich die Meinung gebildet, daß die einkeimblättrigen Blütenpflanzen unter den Ernährern der Zahn- und Augentrostarten die Hauptrolle spielen. Weil man überdies in bestimmt zusammengesetzten Beständen solcher Pflanzen die Schmarotzer sich besonders kräftig entwickeln sah, glaubte man, daß unter den Gräsern wieder bestimmte Arten den Vorzug der Gauche genössen.

Während der letzten anderthalb Jahrzehnte entschloß man sich, auch in dieser Sache den Versuch sprechen zu lassen, weil von ihm doch wohl die sicherste Antwort zu erhoffen war. Und gleich kam man auf einen wertvollen biologischen Zug: es wurde ruchbar, daß alle Zahn- und Augentroste in sehr dicht und üppig gedeihenden Beständen anderer Pflanzen auf keinen grünen Zweig kommen können. Sie werden von den hochwüchsigen Nachbarn unterdrückt, auch wenn es ihnen gelungen ist, sich festzusetzen und die Anwohner mit ihren Saugwarzen einzufangen. Oder sie bleiben schmächtig und schmal, müssen sich vergeilend in die Länge strecken, entwickeln dürftiges Laub, können nicht recht ergrünen, können sich kaum verzweigen und finden weder zur Blütenbildung, noch in den unteren Laubregionen zur Stärkebildung die nötige Kraft. Früher oder später müssen sie ganz verkommen.

Diesen Streich spielt den Schmarotzerpflänzchen ihr Lichtbedürfnis, das mindestens ebenso groß ist, wie ihr Wasserbedürfnis. Und dieser nicht unterdrückbare Trieb wird ihnen förmlich zum Schicksal. Er verwehrt ihnen den Eintritt ins Paradies der Schmarotzerpflanzen, das nach Menschenermessen dort liegen müßte, wo viele kräftige Pflanzen sich zu Haufen zusammenrotten und ein Anschluß überhaupt nicht verfehlt werden kann. Wenn aber der Zufall sie trotzdem dort sich einnisten läßt, bezahlen sie ein paar üppige Schlemmerwochen zumeist mit dem Leben. Nur die randständigen Erpresser schlagen sich leidlich durch.

Seit man in diese Abhängigkeitsbeziehungen eingeweiht ist, erscheint die vermeintliche Liebhaberei der Augen- und Zahntrostarten für bestimmte Gewächse in einem ganz neuen Licht. Wenn wir bei einem Gang über rasige Hänge am einen Ort die Schmarotzer in ungeheurer Zahl aufmarschieren und sich so breit entfalten sehen, daß ihr Blütengeflimmer dicht wie die Milchstraße aus dem Halmwerk glänzt, während sie am andern Ort wie verlorene magere Schäfchen stehen, so hat das nicht so sehr seinen Grund in einer besonderen inneren Tauglichkeit oder Untauglichkeit bestimmter Pflanzen für die Ausnutzung, als vielmehr in der Unfähigkeit des Schmarotzers, sich unter den obwaltenden Umständen durchzusetzen. Sie haben zu wenig Lichtraum und müssen ersticken.

Im Rahmen dieser Einschränkung, die die Tauglichkeit als Wirt nicht so sehr in die Blutbeschaffenheit verlegt oder an eine besondere Säftezusammensetzung knüpft, als von rein äußerlichen Merkmalen der Verzweigungsart, Blattgröße und Geselligkeitsliebe der Arten abhängig macht, haben sich alle Gewächse, die untersucht worden sind, als Wirte bewährt. Seggen, Kopfgräser, Hundsgras, wilder Hafer, Honiggras, Hainbinsen, das Alpenrispengras, Wiesenschwingel, Fuchsschwanz, Glatthafer, Ehrenpreise, Kreuzkraut, Klee, Wicke, Karden, Hirtentäschel, Weidenröschen, Knöterich, Miere und manche andere noch, also Scheingräser, echte Gräser, einjährige und ausdauernde Kräuter, — an den Tischen all dieser wurde gern Mahlzeit gehalten, und gar nicht selten werden auch zwei oder drei verschiedenen Arten angehörige Wirtspflanzen gleichzeitig angebohrt. Sogar Gewächse mit reichem Gehalt an ätzender Milch (Wolfsmilch) und solche mit stark saurem Geschmack (Ampfer und Sauerklee) wurden nicht verschmäht und erzeugten, wenn nur für lichten Stand gesorgt war, recht kräftige Parasiten. Es mag ja sein, daß einige Gräser und Kräuter infolge gewisser Eigenheiten ihres Stoffwechsels weniger günstig sind; denn mitunter brachten es die Augen- und Zahntroste nicht zur vollen Entfaltung. Es läßt sich da aber Genaues schwer sagen, da sowohl das Saatgut der Schmarotzer als das der Wirte nicht immer gleich kräftig ist.

Hatte sonach die ältere Ansicht, daß schon bei den Augen- und Zahntrosten eine weitgehende Anpassung an bestimmte Wirtspflanzen ausgebildet sei, sich nicht bestätigt, so hatten die Kulturversuche doch eine neue Stütze geliefert für jene Theorie, die besagt, daß diese Pflanzen bei ihren Einbrüchen sich im wesentlichen auf den Diebstahl von Wasser und gelösten mineralischen Salzen beschränken. Außer der früher schon zutage getretenen Wasserbedürftigkeit der Zahn- und Augentroste war nun ja auch ihre große Lichtbedürftigkeit sicher gestellt. Was besagte aber ihre ungeheure Abhängigkeit vom Licht wohl anderes, als daß sie darauf angewiesen sind, die Fähigkeit zur Kohlenstoffassimilation und Stärkebildung, die ihnen der Grünstoffbesitz ermöglicht, so umfangreich wie möglich zu betätigen? Wären die Augen- und Zahntroste imstand, die Stoffe, die unter Einwirkung des Lichtes in ihren Blättern erzeugt werden, unmittelbar von der Wirtspflanze zu beziehen, so könnte ihnen Versetzung an einen Ort, wo wenig Ellenbogenfreiheit und schattige Unterkunft eine rege Assimilationstätigkeit nicht gestatten, unmöglich zum Verhängnis werden. In den Säften des Wirtes kreisen ja in den verschiedensten Stufen des Aufbaus die Bestandteile aller

Stoffe, die eine Pflanze nötig hat. Wer diese Stoffe aufgreifen kann, findet in ihnen eingeschlossen nicht nur den Kohlenstoff, den der Schmarotzer sich mit seinen Blättern erst aus der Luft herunterholen muß, sondern findet diesen Kohlenstoff schon verbrauchsfertig an andere elementare Nahrungsbestandteile gebunden. Er brauchte die bereits safteigen gemachten Nährtropfen und Nährpillen nur in sich hineinzusaugen und in einem letzten Umsetzungsprozeß ihre Verwandlung in arteigenes Material durchzuführen, es könnte ihm dann nicht fehlen. Wir haben aber gesehen, daß „eher noch das Fehlen einer Wirtspflanze ertragbar ist als der Mangel des Lichtes". Ohne Wirt legen — einige wenigstens — ihren gesamten Entwicklungsgang noch zurück; ohne ausreichenden Lichtgenuß aber sind alle verloren.

Nun ließ sich aber auch unmittelbar beweisen, daß bei allen Zahn- und Augentrostarten die Blatttätigkeit ebenso rege ist wie bei irgendwelchen andern grünen Pflanzen. Pflückt man nämlich von einem dieser Schmarotzerchen am Abend ein Laubblatt ab, tötet es erst in Alkohol und legt es dann in eine Jodlösung, so färbt es sich schwärzlichblau bis ganz dunkelschwarz. Diese Färbung beweist, daß die Blattzellen allenthalben mit Stärkekörnchen, den Enderzeugnissen des Kohlenstofferwerbes, geladen sind. Nimmt man aber von derselben Pflanze ein Blatt am Morgen und legt es in Jod, so färbt es sich gelblich weiß. Woher kommt das? Antwort: das Blatt hat während der lichtlosen Nachtzeit keine Kohlensäure aufspalten und zu Stärke umbauen können. Am Morgen sind daher die Zellkämmerchen stärkeleer, deswegen die gelbliche Färbung. Man kann auch noch gründlicher vorgehen zum Beweis der normalen Tätigkeit eines Augentrostblattes. Zu diesem Zweck bedeckt man eine Pflanze am natürlichen Standort mit einem lichtundurchlässigen Gefäß. So läßt man sie über Nacht bis in den nächsten Vormittag hinein stehen. In der Dunkelheit entstärken sich die Blätter von selbst. Die Stärke wandert nach dem Stengel oder auch nach den Wurzeln hin ab, um entweder im Stoffwechsel verbraucht oder irgendwo auf Vorrat getan zu werden. Gegen Mitte des Vormittags dann deckt man die verdunkelte Pflanze ab und bestreicht einige Blätter mit Kakaowachs. Dieser Stoff, bei jedem Apotheker erhältlich, verschließt die Spaltöffnungen, so daß keine Kohlensäure aus der Luft mehr aufgenommen werden kann. Zwei Blätter vielleicht bestreicht man beiderseits ganz, zwei andere deckt man nur auf der einen Spreitenhälfte (unter- und oberseits) zu, während man die ergänzende Blatthälfte frei läßt. Macht man jetzt am Abend wieder die Jodprobe, so wird man, wie wir von Seeger wissen, finden, daß alle Blätter ohne Kakaowachsüberzug in der Zwischenzeit Stärke in Menge erzeugt haben, und daß an den einhälftig bestrichenen Blättern das freigelassene Stück sich gleichfalls mit Stärkekörnern geladen hat. Denn alle diese Teile färben sich mit Jod blau bis kohlschwarz. Ganz stärkeleer dagegen ist die Blatthälfte, die beiderseits mit Wachs zugepicht war. Ganz stärkeleer sind auch die vollständig bestrichenen Blätter. Da nun Stärke, die in einem erwachsenen Blatt sich vorfindet, niemals durch Einwanderung vom Stengel her dorthin gelangt sein kann, sondern sich am Ort selber gebildet haben muß, ist unfehlbar bewiesen, daß die Pflanze ihre Kohlenstoffverbindungen selber herstellt. Das gleiche läßt sich (mit einer etwas verwickelten Methode) auch für die stickstoffhaltigen Eiweißkörper zeigen. Wenn die Pflanze ihre Stärke und Eiweiße aber wirklich selbst fabriziert, so kann die ganze Schmarotzerei in der Tat nur die Beschaffung von Wasser und rohen mineralischen Bodensalzen zum Ziele haben. Die Verarbeitung dieser Rohstoffe zu organischer, plasmafähiger Materie, also das, worauf es im Leben ankommt, besorgt der Augen- und Zahntrost genau so selbständig wie jedes andere unabhängige grüne Gewächs.

Was unterscheidet dann aber die Schmarotzer dieser Lebensstufe von den ganz unabhängigen reinen Rohköstlern, die ich im einleitenden Kapitel als einzigartige Werkzeugmaschinen zur Veredelung toter Stofflichkeit und zur Verwandlung unbeseelter Materie in beseelte Seinsformen gepriesen habe? — Eine rein technische Äußerlichkeit. Jene holen die Rohstoffe mit Saughaaren aus dem Boden heran, diese beziehen die Rohstoffe teils aus dem Boden, teils aus dem Wurzelwerk eines Nachbarn, aber Rohköstler sind diese Schmarotzer genau so gut wie jene Selbständigen, denn sie nehmen dem Wirt den Stoff, bevor er ihn durch eigenen Fleiß in organische plasmafähige Substanz verwandelt hat. Die Wirtspflanzen sind sonach keine Ammen, die dem Zahn- und Augentrost den umständlichen Prozeß der Organisierung mineralischer Stoffe ersparen; sie sind ein rein technischer Ersatzapparat für die fehlenden Wurzelhaarwerke. Damit ist über diese Pflanzen alles gesagt.

* * *

Auf annähernd der nämlichen Stufe des Schmarotzertums stehen alle unsere Klappertöpfe (Fistulária), ein Teil der rosenrot- und gelbblühenden Läusekräuter (Pediculáris), wovon ein typisches Stück auf Seite 53 im Bilde wiedergegeben ist, und der Feldwachtelweizen. Das ist durch Versuche sichergestellt. Verhältnismäßig am unabhängigsten unter ihnen sind der Feldwachtelweizen (Melampyrum arvénse), ein bald rot, bald gelb blühendes Ackerunkraut; ferner die auf Wiesen und Hängen wohnende lanzettblättrige Form des schmalblättrigen Klappertopfes (Fistulária lanceoláta), die ihre goldgelben, am Schlund blaugefleckten Rachenblütchen schon im Frühsommer zeigt, und der auf Getreideäckern hausende schöne zottige Hahnenkamm (Fistulária alectorólophus, s. d. Abb. S. 41). Alle drei sind Jährlinge. Sie verhalten sich genau wie der Frühlingszahntrost, gelangen also, je nach der Kräftigkeit des Saatgutes, in wirtslosen Einzelkulturen (verzwergt) bis zur Blütenbildung, werden schon kräftiger mit einem Artgenossen als Wirt und fruchten mit jeder anderen Pflanze als Unterlage reichlich und gut, ob sie nun einjährig oder ausdauernd sei. Dieser Zug, das Auskommen mit einem Jährling als Wirt, ist sehr wichtig für die Beurteilung der Ernährungsansprüche des Schmarotzers. Da nämlich die Jährlinge in ihren Wurzeln keine Vorräte von fertig organisierten Stoffen (Stärke, Fette, Eiweiße) speichern, sondern nur so viel davon dahinunter verladen, als zum Ausbau der Wurzeln an Ort und Stelle verbraucht wird, wäre ein gutes Gedeihen der Schmarotzer auf Jährlingspflanzen undenkbar unter der Voraussetzung, daß ihnen der Bezug bereits organisierter Nahrung zum Lebensbedürfnis geworden sei. Sie wollen nur Wasser und Salze.

Im Gegensatz hierzu halten es der große und kleine Klappertopf (Fistulária major und minor) unserer trockenen Grasfluren, das schopfige, reichblättrige und rückwärtswendige Läusekraut (Pediculáris comósa, foliósa und gyrofléxa), drei Stauden grasiger Geröllhänge der Alpen, mehr mit der Herbstform des Bergaugentrostes. Sie legen keine oder fast keine Wurzelhaare mehr an und sind ohne Wirt nicht blühfähig. In Einzelkultur sterben sie schon nach 2 bis 3 Monaten ab. Das stärkere Parasitentum dieser Pflanzen findet auch rein äußerlich schon in der stärkeren Ausführung der Saugwarzen seinen Ausdruck. Beim großen Klappertopf erreichen sie mit Durchmessern von 2 bis 3 Millimetern nahezu Stecknadelkopfgröße. Sie haben einen stark gewulsteten Rand und sind stets bestrebt, die Wirtswurzel von den Rändern der Berührungsfläche her napfartig zu umwachsen; sie ziehen das angefallene Fäserchen gewissermaßen in ihr Maul hinein. Die Warzen dieser Schmarotzer sind auch (ohne Ausnahme) ungemein beißfähig. Der Saugfortsatz ist stets sehr kräftig entwickelt und steckt, der primitiven steinernen Pfeilspitze eines Urmenschenspeeres vergleichbar, in Form eines Keils tief im Wirtsfleische drin. Auch die ableitenden Gefäßbündelstränge sind viel zahlreicher als bei allen früheren Formen.

Als besondere Eigentümlichkeit kommt bei den vorhin genannten Läusekräutern hinzu, daß an jedem Wurzelzweiglein gewöhnlich nur eine Saugwarze entwickelt wird. Es hängt das wohl, wie schon Kerner richtig bemerkt hat, damit zusammen, daß im Gegensatz zu allen bisher besprochenen Pflanzen unsere Läusekräuter vieljährig sind. Für einen einjährigen Schmarotzer, schreibt er, „kann es gleichgültig sein, ob zur Zeit seiner Fruchtreife das von ihm angefallene Wurzelstück des Wirtes noch lebendig ist oder nicht, da seine eigene einjährige Wurzel alsbald verwest, nachdem sich oberirdisch aus den Blüten die Samen ausgebildet haben. Nicht so beim Läusekraut. Die ausdauernden Wurzeln dieser Gewächse bedürfen auch für das nächste Jahr einer nährenden Wirtspflanze, und wenn das heuer angefallene, als Nährboden benutzte und ausgesaugte Wurzelstück des Wirtes abstirbt (weil er ein Jährling war oder das Fäserchen ausgeschöpft

Hahnenkammkolonie (Fistulária alectorólophus).
(Aufnahme von P. Wolff.)

ist), so ist auch die Saugwarze der schmarotzenden Wurzel nicht mehr in der Lage, ihrer Aufgabe nachzukommen und noch fernerhin frische Säfte anzusaugen. Solche nicht mehr funktionierende, in Ruhestand versetzte Saugwarzen gehen auch bald zugrunde,*) und man sieht dort, wo sie waren, nur noch eine kleine Narbe. Die ausdauernde Pediculariswurzel muß jetzt nach einem neuen Nährboden suchen, und das geschieht in der Weise, daß ihre Spitze sich verlängert und so lange fortwächst, bis die lebendige Wurzel einer andern Wirtspflanze erreicht ist, an die sie sich dann sofort mit einer neuen Saugwarze anlegt. Eine solche Verlängerung der Wurzel bedarf allerdings viel Baumaterial. Dieses aber findet sich reichlich in den älteren Teilen der Schmarotzerwurzel aufgespeichert.

„Aus diesen Umständen erklären sich, wenigstens teilweise, der eigentümliche Bau und die ganz unverhältnismäßige Länge der Läusekrautwurzeln. Von dem kurzen, meist nur ½ bis 2 Zentimeter langen, aufrechten Wurzelstock gehen nämlich ringsum fleischige, mit Stärkemehl, Öl und andern Reservestoffen reichlich erfüllte Fasern von der Dicke eines Federkiels, ja bei manchen Arten bis zur Dicke eines kleinen Fingers aus, welche sich im Laufe der Zeit bis zu 20 Zentimeter verlängern und nach allen Seiten in den von dem Wurzelwerke der Gräser, Seggen und verschiedenen andern Pflanzen durchsetzten schwarzen Wiesenboden ausstrahlen, sich dort von Jahr zu Jahr mit einer oder ein paar neuen Saugwarzen an zusagenden Wirten anheften und dieses Spiel so lange wiederholen, bis endlich ihre Spitzen in wurzelfreie Erde gelangen, in welcher sie keine Beute mehr finden, und wo dann auch ihr Längenwachstum aufhört. So erklärt sich auch, warum diese langen Pediculariswurzeln niemals senkrecht in die Tiefe des Erdreiches hinabsteigen, sondern sich nur in den oberen Schichten des Wiesenbodens halten, wo eine Unmasse von andern Wurzeln sich kreuzt und die größte Wahrscheinlichkeit vorhanden ist, daß die fortwachsenden verschmäler-

---

*) Nach neueren Beobachtungen Volkarts ist das nicht immer der Fall, sondern sie wechseln ihre Funktion und werden zu Stärkespeichern.

ten Spitzen der Pedicularisswurzeln mit der Wurzel irgendeines neuen Wirtes zusammentreffen."

Ohne weiteres leuchtet auch ein, daß diese Pflanzen dem Wirt schon wesentlich schwerer zusetzen als Frühlingszahntrost, Feldwachtelweizen usw. Sie dringen zwar unter möglichster Schonung des Gewebes in die Nährwurzel ein, bei der Größe des Zahnfortsatzes läßt es sich aber kaum vermeiden, daß Zellpartien zerstört oder kleinere Gefäßbündel, in die das Saugzünglein sich hineinzwängt, aufgesprengt werden. In allen diesen Fällen stirbt in der Umgebung des Zahnfortsatzes ein Teil des Wirtsgewebes ab, es entstehen schleimig zerfallende, mählich sich verflüssigende Wundränder und der Schmarotzer schneidet sich schließlich selber das Wasser ab, weil die gequollenen, in Auflösung begriffenen Zellen die Gefäßbündel der Wirtswurzel verstopfen. Natürlich fängt der Wirt an der betreffenden Stelle zu kranken an. Aber auch die Saugwarze, die so stürmisch vorgeht, ist dem Tode verfallen. Großen kräftigen Wurzelsträngen schadet ja das Platzen eines Gefäßrohres nicht viel; sie heilen den Wundherd aus und umgürten ihn allseitig mit einem Wall aus hartem Narbengewebe. Die Saugwarze wird dadurch vom Untergrund förmlich abgegraben und außer Funktion gesetzt — der Überfallene hat im Kampf mit dem Erpresserknötchen gesiegt. Dieser Ausgang ist verhältnismäßig viel häufiger, als man glauben möchte. Schrammen und Narben an kräftigen Wurzeln geben oft genug Kunde davon, daß der Räuber wieder einmal „seine Rechnung ohne den Wirt" aufgestellt hatte. Schwächere Wurzeln jedoch überstehen den Schrecken kaum, sie sterben. Die Folge ist, daß die Saugwarze bald mitten in einem Aasklümpchen sitzt. In diesem Augenblick vollzieht sich eine interessante Wendung: dem Saugnapf, der sich selbst das Todesurteil geschrieben hat, kommt nun auch das Aasklümpchen recht. Er schlürft die verflüssigten, schleimig verquellenden Protoplasmarückstände der toten Gewebefetzen in sich hinein und leitet die organischen Säfte, die er erbeutet, dem Wurzelstock zu, zu dem er gehört. Nachdem der Saugnapf alles verschlungen hat, geht er ein oder wird (künftig) als Stärkespeicher verwendet. Alle Läusekräuter, nebst dem großen und kleinen Klappertopf sind sonach nicht unbedingte Verächter organischer Nahrung. Immerhin entnehmen sie ihren Wirten in der Hauptsache nur unorganisiertes Rohmaterial in Form von Wasser und Bodensalzen. Sie sind ja nicht minder lichtbedürftig als die Augentroste und Zahntroste, haben sich auch bei Untersuchung ihres Laubes (Jodprobe) als sehr tüchtige Kohlensäurefresser und Stärkebereiter bewährt.

Nichtsdestoweniger können die Klappertöpfe auf Wiesen, Weiden und Äckern wegen ihres riesigen Wasserbedarfs enormen Schaden anrichten. „Der Klapp," sagt der Tiroler Bauer, „frißt das Brot aus dem Ofen heraus." Er greift dieses harte Wort nicht aus der Luft. Zwar werden auch Klappertöpfe, Läusekräuter und Feldwachtelweizen wegen ihres großen Lichtbedürfnisses von der Tragik des Augen- und Zahntrostlebens verfolgt: sie gehen in hochwüchsigen, schattenden, sorgfältig gepflegten Gras- und Getreidefluren von selber zugrunde. Aber sobald ihnen Engerlinge und Feldmäuse durch Auflockerung der Bestände ein weniges in die Hand arbeiten, wird die Flur für ihre Ansiedlung reif, und dann ist es, wenn der Mensch nicht dazwischen fährt, in wenigen Jahren um den Graswuchs geschehen. Bei ihrer Neigung zu großem Wuchs und üppiger vegetativer Entfaltung müssen sie eben ganz riesige Wassermengen durch ihre Adern pumpen, weil im Wasser die Mineralsalze gelöst sind, auf die es ja ankommt. All dieses Wasser muß natürlich so schnell wie möglich wieder aus dem Körper hinaus. Aber so sehr die Spaltöffnungen sich auch anstrengen mögen, — sie können so wenig wie bei den Augentrosten aus eigener Kraft den ganzen Wasserverkehr bewältigen. Klappertöpfe und Läusekräuter machen dem Naß daher allenthalben in ihrem Blattwerk besondere Ventile zum Abströmen auf. Bei den Klappertöpfen sitzen die Ventile in Form von Wasserspalten an den Blattzähnen, bei den Läusekräutern sind sie in Form eingesenkter Schilddrüsen auf den Blattunterseiten angemacht. Der Feldwachtelweizen verzichtet auf die Anschaffung besonderer Verdunstungsorgane, hilft sich aber dadurch, daß er die Blatthaut außerordentlich dünn macht und durch sie hindurch das Wasser verschwitzt.

Natürlich muß der Wirt ganz allein die Kosten dieser Unersättlichkeit tragen und schließlich seufzt in meterweitem Umkreis das Gekräute unter der Wasserfron. Und mählich wird aus der kleinen bedrückten Gemeinde ein ganzes seufzendes Feld; besonders in Klappertopfgebieten. Da nämlich die reifen Pflanzen ihre Samen immer dicht in der Nähe ausstreuen und ein Teil der Körnchen immer erst im zweiten oder dritten Frühling keimt, gehen in den nächsten Jahren immer wieder neue Erpresserkolonien auf, und bei halbwegs guter Samenerzeugung „erschöpfen die Parasiten das dazwischenliegende Gras- und Pflanzenwerk (allmählich) in einer Weise, daß selbes zwar nicht zugrunde geht, aber unterständig erhalten wird" und, wie Heinricher weiter fand, „sich nicht zur Entwicklung fruchtender Halme aufschwingen kann." Dem Klappertopf ist die Vorherrschaft jetzt gesichert. In Herden, wie hingesät, macht er sich breit. Dabei ist er selbst so gut wie nichts nütze. Denn er liefert ein trockenes, zähes Heu von geringem Nährwert. Kein Wunder, daß der Bauer diese Pflanzen ins Pfefferland wünscht und ziemlich anrüchige Namen für sie erfindet. Der schimpflichste aller dieser Namen (Läusekraut) soll allerdings kein Hinweis auf das Blutsaugergewerbe der Pflanze sein. Man nennt sie so, weil aus ihrem Blättersude früher ein Stallmittel gegen die Ungezieferpest der Haustiere hergestellt worden ist.

Ich will kurz bemerken, daß hier wahrscheinlich auch der Bergflachs (Thesium) untergebracht werden muß. Diese Pflanze gehört den Santelgewächsen an, die ja außerhalb Europas eine Unmenge von Schmarotzern geliefert haben. Bei uns ist die Familie nur durch diese eine Gattung vertreten. Allerdings führen die Systematiker sieben Arten als Bürger der deutschen Flora an, aber die meisten leben als Bewohner von Bergwiesen, grasigen Gebirgslehnen und Waldschlägen sehr zerstreut, so daß man ihnen verhältnismäßig nicht leicht in die Quere kommt. Alle sind Stauden und entwickeln sich wahrscheinlich äußerst langsam. Ich finde in verschiedenen Werken Angaben über den Bau der Saugwurzeln dieser Pflanzen und ihre Ernährungsbedürfnisse, doch sind die Angaben teils sehr unbestimmt, teils sehr widerspruchsvoll. Ich möchte daher auf eine nähere Erörterung verzichten, hoffend, daß die Zukunft bald Rat schaffen wird.

III. Die Erpresser.

Die Angehörigen dieser Gruppe sind keine reinen Rohköstler mehr, auch nicht bloß gelegentliche Wundfleischverzehrer. Nach allem, was man weiß, entziehen sie ihren Wirten außer Wasser und mineralischen Salzen auch organisiertes Nährmaterial, d. h. Stoffe, die der andere in seinen zelligen Laboratorien und chemischen Werkstätten schon in verschiedenem Umfang bearbeitet und für die Übernahme in die lebendige Plasmasubstanz seines Leibes zurecht gemacht hat. Man wird sich vorzustellen haben, daß die Vorfahren dieser Pflanzen zunächst ebenfalls nur auf Raub von Wasser und Mineralsalzen ausgegangen sind. Umstände, von denen ich im Schlußkapitel sprechen will, haben dann aber den Parasitismus verschärft und die Pflanzen veranlaßt, auch organisierte Substanz in den Kreis der Diebstahlsobjekte mit einzubeziehen.

Sehr groß ist die Erweiterung der Speisekarte allerdings nicht. Man begnügt sich in der ganzen Gruppe mit einem Gang mehr. Dieser Gang besteht aus Eiweißsubstanzen oder den Bausteinen von Eiweißstoffen, aus organisierter Stickstoffnahrung also, die man den Wirten entwendet.

Am schüchternsten stiehlt die Bartschie (Bártschia alpína, s. d. Abb.). Sie lebt an feuchten, moorigen Stellen der Alpenwiesen, besonders in der Umgebung von Quellen, und wird bei uns im Riesengebirge, im mährischen Gesenke, auf dem Feldberg des badischen Schwarzwaldes und in den bayrischen Alpen (nicht gerade häufig) gefunden. Außerhalb Deutschlands folgt sie dem ganzen Alpenzug, kehrt in den Pyrenäen wieder und ist mit einigen 30 weiteren Arten aus Nordafrika und von den Hängen der südamerikanischen Anden bekannt. Es handelt sich also um ein Geschlecht weit herumverschlagener Hochgebirgspflanzen, das auf ein mindestens ebenso hohes Alter zurückblicken darf, wie das Geschlecht der Augentroste und Zahntroste.

Obgleich die im Hochsommer blühende Pflanze nur 15 bis 30 Zentimeter hoch wird, gehört sie doch zu den bezeichnendsten Erscheinungen ihrer Standorte. Sie fällt sofort auf durch den dunklen Ton ihres Laubes, der aus Grün, Violett und Schwarz zu-

Bartschie (Bártschia alpina). Nach der Natur gezeichnet von R. Oeffinger.

sammengemischt ist. Die blattachselständigen, dunkelvioletten Blütchen heben sich scharf davon ab. Das Volk nennt die Pflanze wegen dieses düsteren Kleides auch Trauerblume. Und als Linné sie Bartschie taufte, knüpfte er an diesen Namen an. Er wollte damit, wie ich bei Schröter lese, seiner Trauer „über den Tod des ihm befreundeten Naturforschers und Arztes Bartsch Ausdruck geben, der als junger Mann dem Klima Guayanas erlag.“

Darin verhält sich die Bartschie wie alle bisher besprochenen Formen, daß sie im Frühjahr auf jeder Unterlage keimt, ohne daß es dazu des Anreizes durch ein lebendiges Nährobjekt (Wirtswurzel) bedürfte. Sie läßt uns ihr schärferes Schmarotzertum aber schon daran erkennen, daß auch dem kleinsten Pflänzchen Saughaare vollkommen fehlen. Kaum daß sie die Samenschale verlassen und mit den dünnen grünen Keimblättchen die Bodendecke durchstoßen hat, geht sie auf die Suche nach einem Anschluß und schraubt sich der ersten Wurzel, der sie begegnet, mit kugeligen Saugwarzen an. Gebaut sind die Warzen wie bei den anspruchsvolleren Erpresserpflanzen der vorigen Gruppe, d. h. sie nehmen die Wirtswurzel tief zwischen ihre lippenartig gewulsteten Ränder, zerstören durch besondere Ausscheidungen an der Berührungsstelle das Rindengewebe des erbeuteten Stranges und entwickeln kleine Saugzellen, die sich hinterwärts an einen saftableitenden Gefäßbündelstrang anschließen wie Leckzungen an einen Schlund.

Die schärfere Abhängigkeit der Bartschie von einem Ernährer trat auch zutag, als Heinricher das Pflänzchen in Einzelkulturen erzog. Die Keimlinge leben zwar ohne Wirt mehrere Monate und treiben einen dünnen Sproß, woran 6, 10 und mehr Blättchenpaare aufgehen können, aber wenn der Hochsommer kommt, geht das halbverhungerte Wesen zugrund. Das ist sehr gut begreiflich, da die Bartschie gleich fast allen Schmarotzern, von denen hinfort noch die Rede sein wird, zu den ausdauernden Kräutern gehört. Unter normalen Daseinsbedingungen dorrt der Sproß, den die Pflanze im ersten Jahr anlegt, bei Eintritt der Kälteperiode ja genau so ab, wie bei der wirtslos erzogenen Bartschie, von der eben die Rede war. Aber es verfällt doch nur der oberirdische Teil dem Tod. Das unterirdische Stengelstück bleibt als Wurzelstock in der Erde liegen, ist also gewissermaßen ein Winterhäuschen, wohinein die ganze Pflanze sich bei Einbruch der kalten Jahreszeit zum Winterschlafe zurückzieht. Im kommenden Frühjahr treibt dieser Wurzelstock aus einer unterirdischen Knospe, die schon gleich nach der Keimung angelegt worden war, wieder aus und errichtet einen neuen Sproß über der

Erde. Es ist nun sehr bezeichnend, daß bei wirtsloser Aufzucht eines Bartschiesämlings diese Erneuerungsknospe überhaupt nicht angelegt wird. Der Keimling, der nicht sofort Anschluß an eine Amme findet, hat nicht die Kraft, diese Knospe, auf deren Augen ja seine ganze Zukunft ruht, zu bilden, — so tief steckt diese Staude schon in der Abhängigkeit von einem Ernährer.

Aber auch der Sproß des zweiten Jahres kommt noch nicht zur Blüte. Sein oberirdischer Teil geht im Herbst abermals ein, und die Pflanze muß, verkapselt im Wurzelstock, einen zweiten Winter verschlafen. Ja, für gewöhnlich bringt die Bartschie drei und vier Jahre auf diese Weise zu, und erst im fünften Frühling ist sie soweit erstarkt, daß die 3., 4. und 5. Sprosse, die sie mit zunehmendem Alter über den Boden emporschießt, die ersten Blüten entwickeln können.

Was macht sie in all den Jahren?

Legt man in verschiedenen Altersstadien das Wurzelwerk bloß, so kann kein Zweifel darüber bestehen, daß sie inzwischen sich mästet. Allenthalben hängt sie mit den Saugwarzen ihres gutgegliederten Wurzelsystems so tief und fest im Filz des Grasbodens drinnen, daß es kaum möglich ist sie herauszuschälen, und Jahr um Jahr wird der Wurzelstock länger und dicker. Er ist mit kleinen blassen Blattschuppen besetzt, worin die Pflanze Stärke und Eiweißvorräte massenhaft ablagert. Man hat diese Blattschuppen lange Zeit für Tierfangapparate gehalten, weil sie an der Spitze und den Rändern eigentümlich nach unten und innen gebogen sind. Es entstehen dadurch kleine Höhlen, und in diese Höhlen ragen drüsige Haare hinein. Es hat sich aber herausgestellt, daß die gleichen Haare sich auch an der Unterseite der Laubblätter finden und Wasser abscheiden. Wahrscheinlich dürften sie also Organe zur Beschleunigung des Wasserverkehrs sein, wie die Schilddrüsen an den Blättern der Klappertöpfe. Allerdings nehmen sie im Notfall Wasser auch auf.

Am Ende des 4. oder 5. Jahres ist der Wurzelstock so schwer mit aller Art Reservestoffen vollgepfropft, daß der Bartschie in ganz günstigen Fällen jetzt auch gelingt, was ihr in der Jugendzeit nicht geglückt war: wenn man sie im Spätjahr von ihren

Wirten abtrennt, in einen Topf mit Gartenerde setzt und genügend feucht hält, so schlägt sie im Frühjahr aus, kommt auch zur Blüte. Sie zehrt jetzt ganz von ihrem Fett, schafft, wahrscheinlich mit den Drüsenhaaren der Höhlenblätter, selbständig Wasser heran und verhält sich „wie eine Krokus-, Schneeglöckchen- oder Hyazinthenzwiebel," die ja ausschließlich auf Kosten ihrer Reservestoffe sehr zeitig im Jahr die Blütenbildung erzwingen. Allerdings bezahlt der Wurzelstock diese gewaltige Anstrengung stets mit dem Leben. Während die Freilandbartschie nach Erlangung der Mannbarkeit noch manches Jahr lebt und mit oberirdischen Ausläufern, die zu selbständigen Pflanzen ergrünen können, sich in der Umgebung neue Standorte erobert, schnurrt der erschöpfte, von seinen Wirten abgetrennte Wurzelstock ein und zerfällt.

Natürlich ist die Unabwendbarkeit, womit des Ernährers beraubte erwachsene Bartschien dem Tod geweiht sind, noch kein Beweis dafür, daß die Pflanze außer Wasser und Salzen von ihren Unterlagen auch organisierte Bausteine beziehe. Ja, die Assimilationstüchtigkeit des Laubes spricht eher zugunsten der reinen Rohköstlerei als dagegen. Einmal sind die Blätter reich mit Grünstoff versehen, zum andern macht Untersuchung des Blattgewebes mit einem ganz normal entwickelten Durchlüftungssystem bekannt. Auch die am Morgen und Mittag angestellte Jodprobe zeigt, daß die in der Frühe stärkeleeren Blätter bis zum Mittag eine ganze Menge Stärkestoff hergestellt haben. So läßt sich ein unmittelbarer Beweis für die Heranziehung organisierten Materials kaum erbringen. Bedenkt man aber, daß das Keimpflänzchen sofort nach dem Ausschlüpfen Saugwarzen bildet, und daß es bei wirtsloser Kultur vollständig auf die Anlage der Erneuerungsknospe verzichten muß, also gerade eine Arbeit nicht leisten kann, die es bei Anschluß an einen Wirt als wichtigsten Akt schier sofort erledigt; bedenkt man auch, daß die Pflanze auf stickstoffarmen Moor- und Sumpfböden lebt, so muß man annehmen, daß ihr aus den Wirten noch andere, und zwar vorwiegend stickstoffhaltige, eiweißartige Materialien zufließen. Auch die überraschend träge Entwicklung, dieses jahrelange Wartenmüssen bis zum Eintritt der Blütezeit, weist auf eine ziemliche Abhängigkeit von den Wirten hin. Zu untersuchen wäre allerdings noch, ob die Bartschie, wenn man ihr ausdauernde Gewächse als Ammen unterlegt, nicht schon in kürzerer Zeit die Blühreife erreicht. Denn es ist nahezu selbstverständlich, daß einjährige Kräuter, deren Wurzelwerk jeweilen nach Ablauf einer Vegetationsperiode vergeht, keinen so günstigen Nährboden darstellen. Die Bartschie muß sich, auf einjährigen Wirten erzogen, immer wieder nach neuen Futterquellen umtun, muß dazu Wurzeln nach andern Richtungen ausschicken, und das erfordert ganz sicher einen Haufen Kraft, so daß die unterirdischen Stoffspeicher nur langsam erstarken. Zu untersuchen wäre auch noch, wie sich die Bartschie gegenüber toten Stoffen pflanzlicher und tierischer Herkunft benimmt. Darüber weiß man noch gar nichts.

* * *

Was die Bartschie angesponnen hat, setzen unser Wiesen- und Waldwachtelweizen (Melampyrum praténse und silváticum, s. d. Abb. S. 52) geradlinig fort. Bereits die Fruchtkörner weisen eine starke Rückbildung auf: sie entbehren der Samenschale, so daß die äußerste Zellschicht des Nährgewebekörpers die Schutzleistung übernehmen muß. Auf das Keimungsverhalten ist diese Abänderung ohne Einfluß, doch ist der Wirt schon den ganz jungen Pflänzchen nicht mehr entbehrlich, wenn aus ihnen etwas Kräftiges werden soll, und es ist auch keineswegs unerheblich, wie der Wirt heißt. Gewiß ist jeder besser als keiner, aber nur der Wiesenwachtelweizen findet bei Gräsern und einjährigen Kräutern noch jenen Grad von tätiger Hilfe, dessen er zur notdürftigen Erledigung des Blütenlebens bedarf. Der Waldwachtelweizen kommt nicht mehr aus mit solchen Ernährern, er muß in die Wurzel einer vieljährigen Blütenpflanze einbrechen können, wenn ihm der Aufschwung gelingen soll, aber auch sie scheinen seinen letzten Ansprüchen nicht in dem Umfang genügen zu können wie Holzgewächse. Auf ihnen gedeiht er am besten, es macht den Eindruck, daß nichts sie ersetzen kann. Der Waldwachtelweizen sticht auch darin von seinesgleichen ab, daß er, in wirtsloser

Einzelkultur erzogen, eine Menge Haustorialknötchen ausspeit, womit kleine Steinchen und humose Bodenpartikelchen angepackt werden. Nach Heinrichers Befund sind derlei Saugwärzchen jedoch nur unvollkommen entwickelt; sie bilden keinen Saugfortsatz aus.

Etwas weiter draußen im Vorraum des Wissens bleiben unsere Kenntnisse vom Lebensverhalten der zweiten Läusekraut-

Wiesenwachtelweizen (Melampyrum praténse). (Aufnahme von J. Kettenhuemer.)

rotte stehen. Wir haben zwar die schönen Beobachtungen Volkarts, aber es fehlt doch an den notwendigen Versuchen zur Aufzucht der Pflanzen in wirtsloser Einzelkultur. So sind wir eigentlich nicht in der Lage, den Maßstab zu verwenden, an dem sich die Schärfe des Schmarotzertums am unzweideutigsten zu erkennen gibt. Immerhin legt der Bau der Saugwarzen und ihre perlschnurartige Aufreihung an den Wirtswurzeln die Vermutung nahe, daß das Räuberwesen hier mindestens ebenso gut entwickelt ist wie bei der Bartschie, bei einzelnen Formen vielleicht noch besser. Es ist bei ihnen auch bereits zur Regel geworden, daß man ein Würzelchen nach seiner Zerstörung nicht frei gibt. Die Saugmäuler bleiben an dem Kadaver hängen und stopfen sich — nach Art von Verwesungspflanzen — von nun ab mit

Läusekraut (Pediculáris) aus der Rostrata-Gruppe von einer Matte in den Salzburger Alpen. Nach der Photographie nicht mit Sicherheit näher zu bestimmen. (Aufnahme von J. Kettenhuemer.)

den Zerfallsprodukten des Getöteten voll. Unser zweijähriges Sumpfläusekraut (Pediculáris palústris), eine der wenigen Ebenenformen mit schönem gefiedertem Laub und großen roten Blumenähren, die von Mai bis Juli über den grünen Blattwedeln aufgehängt werden, heftet sich sogar an totes Material massenhaft mit Haustorien an. Ja, es macht den Eindruck, als ob sie Lebendes nur ergreife, um es rasch abzuwürgen und dann erst zu verzehren. Von Pflanzen, denen die erstorbene Wirtswurzel wertvolle Bestandteile zu liefern vermag, dürfen wir aber vermuten, daß sie schon der lebenden Wurzel jene organischen Stoffe entnehmen, auf die hin die Leiche durchstöbert wird. Vom Sumpfläusekraut und vom gestutzten (Pediculáris recutíta) steht auch fest, daß sie ihre Ernährer recht schwer schädigen, nicht selten sogar vollständig vernichten können.

IV. Auf dem Wege vom Erpresser- zum Würgertum.

Standen die eben verabschiedeten Rachenblütler vergleichsweise bis ans Knie im Schmarotzertum drinnen, so versinkt man jetzt bis an die Hüften darin. Leider wird diese bemerkenswerte Gruppe in unserer Flora nur durch die Tozzie (Tózzia alpína, s. d. Abb.) vertreten, nach einem italienischen Arzt so benannt.

Sie ist noch wesentlich seltener als die Bartschie, gleich ihr nur im Hochland zu finden als Begleiterin des Nadelwaldes der subalpinen Region. Sie geht nicht über 1000 Meter herunter, kaum über 2000 hinauf und ist in den Alpen, dem Apennin, den Pyrenäen und den nächsten Ausläufern dieser Gebirgsstöcke heimisch.

In Deutschland kennt man die rein mitteleuropäische Alpentozzie nur aus dem bayrischen Hochland und von ein paar inselartig verlorenen Standorten im Riesengebirge. Am liebsten sitzt sie im Schatten von Tannenwäldern und feuchten Gebüschen herum, tritt von hier aber auch sehr gern auf moosige und quellige Hänge, an die versumpfenden Ränder seichter Bachläufe, auf nasse Schuttfelder, Bergwiesen und Grobgeröllbarren über. Bäche schwemmen sie manchmal bis in die Niederungen herab, dann bildet sie eine schlanke Talform, die sich aber nicht hält.

Nur unscheinbar ist ihr Äußeres. Sie liegt auf einem strangartigen Wurzelstock halb schräg im Boden und besetzt diesen unterirdischen Achsenteil dicht mit runden, todbleichen Schuppenblättern, die langsam in das saftige, grüne Stengellaub übergehen. Ähnlich wie bei der Bartschie knicken die unterirdischen Schuppenblätter die Ränder nach innen und unten um, so daß eine

Art Höhle entsteht, worin eine Menge wasserabscheidender, den nährsalzführenden *Verdunstungsstrom fördernder Schilddrüsenhaare* eine gut geschützte Unterkunft findet.

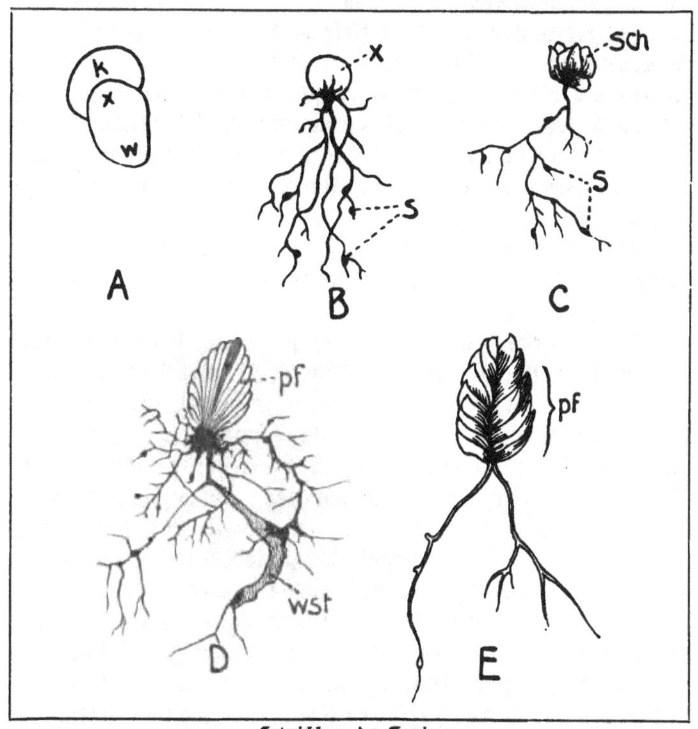

Entwicklung der Tozzie.
A = Keimling der Tozzie. (K Keimblätter, W Würzelchen, X Keimstämmchen.) B der Same hat schon reichlich Wurzelwerk entwickelt, ist aber noch ganz in der Nüßchenschale (X) verborgen. Auch Haustorien (S) sind schon vorhanden. C die Schale des Nüßchens ist abgestreift und 3 Paar Schuppenblätter (Sch) sind entwickelt. D Pflänzchen im Alter von 10—12 Monaten mit schon gut entwickeltem Wurzelstock (Wst). E älteres, im Freien ausgegrabenes Tozziepflänzchen. (Nach Heinricher.)

Gleich nach der Schneeschmelze tritt dieser Wurzelstock mit einem bald nur handlangen, bald fuß- bis kniehohen, sich vergabelnden, grünen Sproß an die Oberwelt. Er schießt so rasch auf, daß sich die Pflanze drei Wochen später schon in voller Blüte befindet, aber wer nimmt von diesem Ereignis Notiz? Die *Blü-*

ten sind ja im Vergleich zu denen der übrigen Rachenblütler so reizlos und klein! Die Lippenbildung ist fast unterdrückt, die Farbe ist auf ein trübes, rotgetigertes Gelb vereinfacht, und damit in Zusammenhang ist die Blume von einer Bienen-, Hummel- und Falterbestäuberin auf die tiefe Stufe einer Fliegenblume herabgesunken. Vielfach sind aber auch den Schweb- und Tanzfliegen die offen daliegenden Honigvorräte zu dürftig, so daß sich die Pflanze durch Selbstbefruchtung ins Wochenbett helfen muß. Weitere drei bis vier Wochen später hat die Tozzie ihren Lebenskreislauf vollendet, der Stengel stirbt ab und mit ihm geht auch der Wurzelstock ein.

Man sieht, wie an diesem ganzen Lebensabschnitt so gut wie gar nichts besonderes ist. Um so fesselnder ist die Zeit ihres Larvenlebens.

Die Besonderheiten stellen sich schon ein, solange der Embryo noch im Mutterleib ruht. Wiegen für vier Samen legt die Pflanze in jedem Fruchtknoten an, aber in der Regel kommen davon nur einer oder zwei zur Entwicklung. Lange bevor diese zwei ihre Reife erreicht haben, fällt die ganze, nüßchenartige Fruchtanlage, noch grün und von dem grünen Kelch umhüllt, zu Boden. Hier, zwischen Gekräute, Moosen und dem pflanzlichen Abraum früherer Vegetationsperioden reifen die Samen aus. Sie brauchen dazu abermals einige Wochen.

Man sollte glauben, das Nüßchen spränge nun auf und gäbe den augenapfelartigen weißen Samen oder die zwei Samen, die es geboren hat, frei. Das ist aber nicht der Fall. Es behält sie fest bei sich und innerhalb der Schale müssen sie keimen. Die Keimung kann jedoch nicht mehr auf jeder Unterlage erfolgen. Der Embryo ist, um überhaupt aufgehen zu können, bereits abhängig von einem Wirt. Das erfuhr Heinricher, als er die Samen einzeln in Töpfe legte oder auch 60 Samen — ohne Beigabe eines Wirtes — in eine Schüssel säte. Alle diese Kulturen erbrachten kein einziges Pflänzchen. Nur in Berührung mit fremdartigen Wurzelballen gingen sie auf. In diesem Fall bildete sich in den Nüßchen ein Spalt, durch den die Keimwurzel auskroch (s. d. Abb. S. 55). Sie begann sich sofort zu verzweigen und klammerte sich mit zahlreichen klappertopfähnlichen Saugwärzchen an die Wirtspflanze an. Erst jetzt schlüpften auch das Keimstämmchen und die Keimblätter aus. Diese Keimblätter erhoben sich aber niemals über den Boden. Sie blieben in der Erde und ergrünten nicht.

Man sieht sofort, daß im Vergleich zu allen bisher besprochenen Rachenblütlern das Schmarotzertum eine ungeahnte Verschärfung erfahren hat. Jene, auch die stärksten Parasiten unter ihnen, waren nur insofern abhängig von einem Wirt, als sie ohne seine Unterstützung ihren Lebenslauf nicht in normaler Weise abschließen konnten. Ihre Keimung jedoch erledigte sich auch ohne die Gegenwart einer Nährpflanze oder die Gegenwart fremder keimender Samen (in jeder Bodenart) glatt. Ja, sie brauchen nicht einmal mit Erde in Berührung zu kommen. Sie schlagen auch aus, wenn man sie, entsprechende Luftwärme vorausgesetzt, in feuchtes Fließpapier oder Lumpen packt. Äußere Kräfte spielen demnach nur insofern eine Rolle, als sie die Wasseraufnahme ermöglichen. Ist sie durchführbar, so besorgt der Keimling alles weitere aus eigener Kraft. Er führt unter Quellung sein Protoplasma aus dem Schlafzustand in den Zustand der Aktivität über und holt die im Nährgewebe untergebrachten Dottersubstanzen zur Einleitung der nötigen Zellteilungen und Wachstumsbewegungen heran.

Anders der Tozziasame. Packt man eine Handvoll davon in feuchtes Fließpapier ein, so saugen sie zwar ebenfalls Wasser auf, aber die weichgewordenen Körner verharren auch weiterhin im Zustand der Ruhe. Es kommt nicht zu den feinen Zellteilungen, die für den Beginn des Wachstums bezeichnend sind. Sie bedürfen dazu einer weiteren äußeren Kraft, nämlich des chemischen Anreizes durch ein geeignetes Nährobjekt, als welches allem Anschein nach nur lebendige Wurzeln in Betracht kommen können. Dieser Reiz wird dem Embryo durch die Nüßchenschale hindurch vermittelt. Durch was für Stoffe, ist unbekannt. Es ist auch unbekannt, ob der Reiz zur Auferstehung notwendig von einer fremdartigen Pflanze ausgehen muß, oder ob auch die Nachbarschaft einer Tozziawurzel die Sämchen erweckt.

Wie spielt die weitere Entwicklung des eben ausgekrochenen Tozzialärvchens sich ab?

Zunächst ist zu bemerken, daß die Pflanze während ihres ganzen ersten Lebensjahres unter der Erde bleibt. Dicht über den Keimblättern läßt sie ein farbloses Blattpaar ums andere sprießen, aber alle diese Blätter sitzen tief ineinander hineingeschachtelt, ähnlich den Schuppenblättern eines Tannenzapfens, an einer ganz winzigen Achse. Es entsteht so ein knospenartiges, kleines, fast schneeweißes Gebilde, das im Alter von 10 bis 12 Monaten etwa so aussieht, wie die Abbildung D Seite 55 dies zeigt. Man sieht ein reich zerfasertes Wurzelwerk, das sich allenthalben an die Nachbarn hängt, und daran ein haselnußgroßes Gebilde mit vielen, dicht ineinander gestauchten Blattschuppen. Alle diese Schuppen haben den früher schon geschilderten Höhlenbau.

Auch im zweiten Jahr bleibt die Tozzie unter der Erde liegen und wächst dabei allmählich zur Größe der in Abb. E wiedergegebenen Pflanze heran. Im letztgenannten Stadium, das sie in ganz vereinzelten Fällen vielleicht schon im zweiten Altersjahr, gewöhnlich aber erst im dritten oder gar vierten Jahr erreicht, verläßt sie dann die Unterwelt und entwickelt jenen grünen Stengel, von dem ich eingangs gesprochen habe.

Wovon hat das Höhlenpflänzchen inzwischen gelebt? Die Antwort lautet: von seinen Wirten, und zwar bezieht es nicht nur Wasser und rohe Salze von ihnen, sondern alles, was es zum Leben und zum Großwerden braucht, also Kohlenstoffpräparate und Stickstoffsubstanzen, die der Wirt für sich selber aus den Elementen bereitet hat. Nirgends greift ja das bleiche Tozzialärvchen mit einem grünen Blatt an die Oberwelt, womit es Kohlensäure aufspalten, Zucker und Stärke herstellen könnte. (Alle früher erwähnten Erpressergewächse, auch die ausdauernden, taten das noch.) Nirgends auch frißt es mit Saughaaren Erde, schließt Mineralien auf oder holt Wasser und salpeterige Salze zur Herstellung von Eiweiß und Plasmasubstanz. Alle Bausteine hierzu schöpft es wegelagernd den Saftbahnen der Wirtswurzeln ab, und seine selbständige Betätigung besteht allein darin, die erbeuteten artfremden Stoffe, die der Wirt gerade selber für sich zu verwenden gedenkt, in arteigene Plasmasubstanz zu verwandeln. Ja, es entwendet seinem Wirt viel mehr Material, als es gerade nötig hat. Es stiehlt Überschüsse und speichert sie in seinen Blattschuppen auf, speichert so viel, als nur untergebracht werden kann! ... So ist die Tozzie der ersten Lebensjahre wirklich nichts anderes als ein lauernder Darm, ein gefräßiger, heruntergekommener Eingeweideschlauch, der mit vielen Mäulern an seinen Wirten saugt, die gestohlenen Säfte verdaut und sich im übrigen damit beschäftigt, Fleisch anzusetzen. Was in den Jahren rein parasitischen Daseins an Stärke, Eiweiß und Kraft in den unterirdischen Speicherkammern zusammengespart und auf Zins gelegt worden ist, wird dann in der kurzen Zeitspanne, die die Pflanze für ihr oberirdisches Dasein verwendet, verpraßt und für die Erneuerung der Art in vielen Samen dahingegeben. Man braucht ja nur die weißen Wurzelstockblätter unmittelbar vor und unmittelbar nach der Blütezeit zu vergleichen. Anfangs, zur Zeit der Sproßbildung prall von Stärke und Eiweißkristallen, glänzend vor Speck, sind sie hintennach zu leeren Häuten zusammengeschrumpft, verrunzelt und ausgesogen. Und niemals wieder füllen sie sich. Denn mit dem einmaligen Aufstieg zur Oberwelt ist ihr Leben zu Ende. Die Tozzie sieht die Sonne, lebt rund sechs Wochen in ihrem Schein, dann ist es plötzlich, als ob das Licht sie getötet hätte. Zugleich mit dem Verfall des oberirdischen, samenbehangenen Sprosses stürzt auch der ganze unterirdische Gewölberaum ein und ist bis zum Frühjahr verfault.

Das Merkwürdigste an diesem Geschöpf ist sonach sein Doppelleben: daß die Pflanze, nachdem sie zwei oder drei Jahre als reiner Würger von den Erträgnissen der Arbeit anderer gelebt hat, sich zum Schluß gewissermaßen auf die alten ehrlichen Überlieferungen ihres Geschlechtes besinnt und sich wenigstens auf die Stufe der Halbschmarotzer erhebt, von denen der vorausgehende Abschnitt gehandelt hat. Es ist ähnlich wie im Insektenleben, wo die Raupe und Made monate- und jahrelang als reines Freßtier in faulen Baumstümpfen, Leichen oder als Rinderbiesfliegenlarve in den eiterig entzündeten Hautbeulen anderer Tiere gehaust hat, dann alle Niedrigkeit von sich wirft und auf graphitglänzenden oder buntbestäubten Flügeln sich in die Lüfte erhebt, um für den Rest des Daseins nur noch an Liebesspiele, Lufttänze, Kleiderparaden, an die Jagd nach dem Weibchen und die Versorgung der Eier zu denken. Es ist ja wahr: ganz so vollständig wie ein Schmetterling legt die Tozzie die madigen Gewohnheiten ihrer unterweltlichen Schmarotzerjahre beim Aufstieg zur Lichtwelt nicht ab. Sie hält auch in der letzten Phase ihres Lebens mit klammernden Armen die Wirte fest, die sie als Lärvchen gefangen hat und schröpft sie andauernd kräftig um Wasser. Man sehe sich nur eines der grünen Stengelblättchen der Oberweltpflanze an. Wie die Schilddrüsenhaare der Unterseite am Morgen von perligen Schweißtropfen glänzen, Resten der Wassermenge, die die Tozzie zur Nachtzeit den Wirtspflanzen abgejagt und durch ihren Blütenstengel gepumpt hat! Ja, sie hat sogar hinter den Schilddrüsenhaaren in Form von Röhren (Speichertracheïden) besondere Behälter angebracht, worin das überschüssige Wasser sich sammeln und aufstauen kann, falls die Schilddrüsenhaare nicht schnell genug arbeiten können. Denn bei aller Wasserbedürftigkeit kommt es eben doch darauf an, daß das lebendige Gewebe nicht damit überschwemmt wird. Immerhin macht sie die Blätter wenigstens g r ü n, umgürtet sich mit Tracht und Farbe des Rohköstlertums und kehrt auch innerlich zurück auf die Vorfahrenstufe. Denn es ist kein Zweifel, daß sie mit den grünen Blättern wirkliche Arbeit verrichtet, Kohlensäure einfängt, sie abbaut und so durch eigene Tätigkeit die Stärke- und Zuckerreserven mehren hilft, welche die trächtigen Blüten und die heranwachsenden Sämchen verzehren. Es ist eine Art B l u t p f l e g e, die sie übt. Denn was sie herbeischafft, ist für die Jungen. Die Jodprobe liefert dafür wieder den schönsten Beweis. Früh am Morgen fand Heinricher die Blätter ganz leer, bis zum Mittag hatten sie schon recht ansehnliche Stärkemengen gebildet, am Abend waren die Blätter noch besser gefüllt, und über Nacht wanderte die Stärke wieder nach den Verbrauchsorten ab. Schwächlicher als bei allen früheren Arten ist die assimilatorische Tätigkeit immerhin. Man merkt das schon am schwächeren Bau des Tozziablattes. Das Grünstoffgewebe ist dünn, so daß für gewöhnlich das Licht mit ganz gelbgrünem Ton durch die Blätter scheint.

Jetzt, wo wir den Lebenslauf der Tozzie von der Wiege bis zur Bahre überblicken können, erscheint uns auch die Unfähigkeit des Samens zu selbständiger Keimung keineswegs mehr als ein Ausdruck von Schwächlichkeit oder Degeneration, veranlaßt durch die schärfere parasitische Lebensweise. Im Gegenteil: das Unvermögen kommt uns jetzt sehr zweckmäßig vor. Bei der Unfähigkeit zur eigenen Ernährung ist ja der Anschluß an einen Wirt der wichtigste Vorgang beim Keimungsakt. Mit dem Gelingen dieses Anschlusses ist die Existenz der Pflanze schon beinahe gesichert. Er könnte natürlich auch auf anderem Wege erreicht werden. Der Same könnte selbständig keimen und dann mit seinen Wurzeln auf die Suche nach einem Ernährer gehen. Aber das setzte eine große eigene Wachstumsfähigkeit des Keimlings und eine mächtige Mitgift voraus, von der man zehren könnte. Die Pflanze dürfte zu diesem Behuf nur wenige Samen erzeugen und sie müßten ganz ungewöhnlich umfangreich sein. Aber auch jetzt wäre sie noch ganz dem Zufall ausgeliefert: er müßte so gütig sein und den Pfad des Keimlings von einem fremden Würzelchen kreuzen lassen. Wie viele von den wenigen großen Samen hätten wohl so viel Glück? Die Wahrscheinlichkeit ist, daß alle zugrunde gehen. Nein, da ist es doch ungemein vorteilhafter, die Keimung an das Vorhandensein einer Wirtswurzel zu knüpfen, d. h. dafür zu sorgen, daß sie erst eintritt, wenn das als Ernährer taugliche Objekt in unmittelbarster Nähe ist und sofort erfaßt werden kann. „Der Schmarotzer braucht das ihm zur Verfügung stehende Stoff- und Kraftquantum nicht in mehr oder minder unnützen Wachstumsvorgängen zu erschöpfen, er kann es zum sofortigen Angriff auf die Nährwurzel verwerten." So schrieb Ludwig Koch bereits im Jahre 1887 im Hinblick auf die Keimungsgeschehnisse der Orobanchen. Seine Worte lassen sich Silbe für Silbe auch auf die Tozzie anwenden, ja, man kann hinzufügen, daß die Bindung der Keimung an die Gegenwart eines Wirtes den Pflanzen auch erlaubt, statt weniger großer viele kleine Samen zu erzeugen und so die Aussichten für die Erhaltung der Art zu erhöhen. —

Von einer besonderen Wirtsauswahl hat man bei der Tozzie nichts bemerken können. In den Kulturen Heinrichers bezog sie von Gräsern wie von einjährigen und ausdauernden Kräutern ihren Tribut, doch dürften bei der Notwendigkeit eines mehrjährigen unterirdischen Schmarotzertums einjährige Pflanzen kaum allen Bedürfnissen genügen können. Am besten wird sie bei ausdauernden kräftigen Blütenpflanzen das finden, was sie zu gutem Gedeihen braucht.

Leider wissen wir gar nichts über die Vorfahren der Tozzie. Im natürlichen System schließt sie sich an den Wachtelweizen; kein Rachenblütler ist bekannt, dem sie hinsichtlich des Blüten- und Fruchtbaues näher stünde als ihm. Es ist auch gewiß, daß die Gattung im südlichen Mitteleuropa ihren Ursprungsherd hat. Denn außer der Alpentozzie gibt es nur noch eine Art in den Karpathen und Balkangebirgen. Sonst auf der ganzen Erde kommt die Gattung nirgends mehr vor. Aus dieser Verbreitungsweise können wir schließen, daß die Entstehung des Tozziageschlechtes in ein ziemlich nahes Zeitalter fällt; sie ist höchstens diluvial. Aber die Formen, die den Übergang zwischen der beinahe schon zum reinen Würger gewordenen Tozzie der Jetztzeit und den halbparasitischen oder noch ganz selbständigen Ahnen vermitteln könnten, sind ausgestorben. Die Zeit hat sie verschluckt, wir können darum den Weg, der zurückgelegt wurde, nicht zurückverfolgen bis zur Ausgangsstation. Immerhin will ich sagen, daß Heinricher die Tozzie von einer wachtelweizenähnlichen Rachenblütlerform glaubt herleiten zu können. Ein einjähriger, längst verschollener Wachtelweizen, der zunächst auf der Stufe des Frühlingszahntrostes stand, sei — meint er — immer tiefer in die Abhängigkeit von einem Wirte geraten, habe sich schließlich, infolge ungünstiger Ernährungsverhältnisse in einem Jahr nicht mehr bis zur Blühreife entwickeln können, sei mehrjährig geworden, habe aber die Eigenheit aller einjährigen Pflanzen, nur einmal einen Blütensproß zu erzeugen, beibehalten und so die Stammform unserer jetzigen Tozzien aus sich heraus erzeugt....

V. Die Würger.

Von der Tozzie sagte ich, sie stecke bis an die Hüften im Sumpf des Schmarotzertums. Von den Pflanzen, über die ich jetzt Rechenschaft ablegen will, wird es heißen müssen, daß ihnen der Morast, in den sie hineingeraten sind, bereits über den Köpfen zusammenschlage. Denn bei ihnen fällt auch die letzte Periode selbständiger Ernährungstätigkeit weg. Sie säen nicht, sie ernten nicht, sie sammeln nicht in die Scheunen und unser Herrgott ernähret sie doch. Von dieser Sorte sind die Schuppenwurz, die Orobanche und die Seide.

Um die Schuppenwurz (Lathráéa squamária) zu finden, muß man zur Zeit, wo der Winterling blüht und die ersten Kuckucksblumen über der rauschdürren Laubdecke sonniger Gehölze den Frühling in weißen Kleidern begrüßen, in unsere Wälder gehen, an Plätze, wo auf feuchtem Grund die Hasel und die Erle wachsen. Besonders aussichtsvoll sind schlüpfrige Tümpelränder, naßliegende Gebüsche und Waldbach- oder Grabenufer. Man sieht dann die Pflanze ab und zu aus Laub und Moos und sonstigem Verfall sich erheben, kleinfingerstark, spannenhoch, blaßrötlich bis tabakbraun, gewöhnlich in Trupps. Aber nicht ganz so wie auf unserm Bild. Im Wald draußen schauen nur die Blütensprosse über den Boden heraus. Die unteren korallenstockartigen Teile bemerkt man nicht. Diese ganze Partie, ein förmliches Nest elfenbeinweißer, seifig glänzender, klumpig gehäufter Schuppen, ist im Boden verborgen und ihre Befreiung ist mit größten Schwierigkeiten verknüpft; denn die Pflanzen sind außerordentlich brüchig. Um sie unversehrt vor den Apparat zu bekommen, muß der Humus mit alleräußerster Vorsicht abgegraben, ja geradezu mit den Fingernägeln weggekratzt werden. Aber auch so werden die unterirdischen Teile keineswegs in ganzer Ausdehnung bloßgelegt. Das eigentliche Wurzelwerk der Pflanze fängt erst unter dem schuppigen Knoten an und dehnt sich einen halben oder auch ganzen Meter rundum in die Tiefe. Leider ist es genau so spröd, wie das Stengelwerk. Forscher, denen an der Einheimsung tunlichst unversehrter Pflanzen gelegen war, haben sich deswegen nur dadurch zu helfen gewußt, daß sie die ganze Befreiungsarbeit zu Hause vornahmen. In einem Umkreis von einem halben Meter wurde der Schuppenwurzstandort ringförmig umgraben, in Metertiefe die Erde von der Unterlage abgestochen und der ganze Erdballen nach Hause geschafft. Dort wurde der Erdkloß in Siebe gesetzt und unter Wasser versenkt.

Schuppenwurz (Lathráéa squamária). Aufnahme von J. Hartmann.

Der erweichte Humus bröckelte langsam ab, durch einen Wasserstrahl aus der Leitungsröhre konnte dann in weiterer stundenlanger Arbeit das unterirdische Gebäude bloßgelegt werden.

Was hierbei sich ergab, war erstaunlich. Oben saß jene Knolle, wovon in unserm Bilde ein Teil eben noch zu sehen ist. Davon strahlten nach allen Richtungen zentimeterdicke weiße Seitenäste aus, die sich in ewigem Auf und Ab andauernd aufs neue verzweigten, sich umschlangen, mieden, sich wieder fanden, durchkreuzten und allenthalben neue Zweige fortstreben ließen. Die Nebenwurzeln erreichen Wurm- bis Bindfadenstärke. In ihren feinsten Ausläufen werden sie zwirnfadendünn.

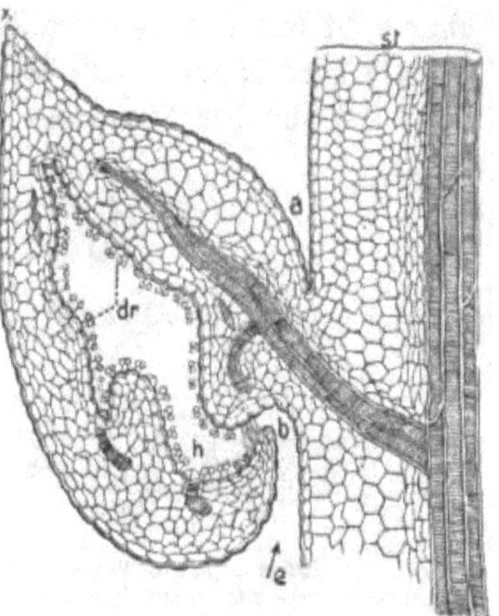

Schnitt durch ein Hohlblatt der Schuppenwurz (Lathraea). Erklärung im Text. (Nach Goebel.)

Dieses kaum entwirrbare Wurzelwerk ist der Saugapparat der Schuppenwurz. Aus denkbar kleinsten Anfängen heraus wird er geboren. Was ist so ein Schuppenwurzsame? Beinahe ein Nichts. Annähernd eine Viertelmillion davon geht auf ein Gramm! Der Embryo in diesen Stäubchen, die der Wind leicht wie den Blütenstaub der Gräser verweht und der Regen durch kleinste Spalten in den Boden spült, besteht nur aus wenigen Zellen, den Rest der Samenschale nimmt der Nährkörper ein. Hat so ein winziges Ding irgendwo im Boden einen Unterschlupf gefunden, so läuft zunächst alles wie bei der Tozzie ab: es keimt nur in Gegenwart einer Nährpflanze. Als solche kommen hauptsächlich Haseln und Erlen in Betracht, aber auch Eiche, Esche, Hainbuche, Rüster, Nußbaum, Rose, Alpenrose, Efeu, Weinstock und Apfelbaum, ganz selten auch die Fichte, werden angenommen. Treibt sich auch nicht das kleinste Wurzelfäserchen einer dieser Pflanzen in unmittelbarster Nähe des Schuppenwurzsämchens herum, so bleibt der Embryo liegen, zwei, drei oder noch mehr Jahre.

Er kann warten, bis ein geeigneter Wirt sich in der Nähe vorbeidrücken will, dann bäumt er sich auf, spritzt sein Würzelchen aus und klammert sich an ihn mit einem Erstlingssaugnapf, der mit starkem Zahnfortsatz sich bis zum Holzkörper wühlt. Auch darin verhält sich der Schuppenwurzkeimling wie jener der Tozzie, daß er *unter* der Erde bleibt und hinter den winzigen Keimblättchen zunächst ein paar blasse *Schuppen* anlegt. Sie und alle folgenden Schuppenblätter haben wiederum *Höhlenbau*, sind aber nicht von den Seitenrändern her eingeschlagen. Die Höhle entsteht hier dadurch, daß die Blattspreite während des Wachstums sich von der Spitze aus wieder nach hinten krümmt. Die Höhle (h) mündet bei b nach außen. Auch diese Blätter hat man längere Zeit für Wurmfangapparate angesehen. Es hat sich aber erweisen lassen, daß die Schild- und Köpfchendrüsen, womit der Hohlraum ausgestattet ist, auch in diesem Fall Organe sind zur Regelung des Wasserverkehrs in der Pflanze.

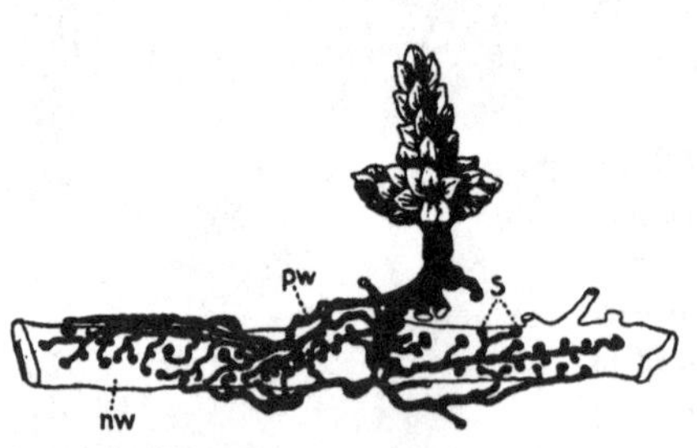

Drei- bis vierjährige Schuppenwurz, mit ihrem Saugwurzelwerk (pw) und deren Haustorien (s) eine Haselwurzel umgarnend.
(Kombiniert nach Photographien Heinrichers.)

Das weitere Wachstum der Schuppenwurz spielt sich gleichfalls rein *unterirdisch* ab, nur schreitet die Entwicklung viel langsamer fort, als bei der Tozzie. In der obenstehenden Abbildung ist eine Pflanze dargestellt, die schätzungsweise schon ein Alter von drei bis vier Jahren hat. Man sieht, wie einzelne Wurzeln infolge unmäßiger, perlschnurartiger Häufung der Saugwarzen eine raupenförmige Gestalt annehmen und wie das weiße, spröde Geäder die ernährende Wurzel von allen Seiten umgarnt. Aber auch auf dieser Altersstufe hat die Schuppenwurz noch keineswegs gewonnen. Es kann sein, daß die Wirtswurzel nicht zu den stärksten gehörte und unter der Schnauze des Schmarotzers abstirbt. Gelingt es dem Würger nicht, einen neuen Anschluß zu finden, so geht er ein. Es ist kein Zweifel, daß auf diese Art manch junge Schuppenwurz ihr Leben läßt. Sie zehrt sich selber allmählich auf und verkümmert. Aber auch unter allergünstigsten Ernährungsbedingungen mag es acht und zehn Jahre dauern, bis die Pflanze so weit ist, daß sie zum ersten Mal blühen kann.

Um diese Zeit ist der Wurzelkörper sehr stark und der Nistort der Pflanze in seiner näheren und ferneren Umgebung so außerordentlich dicht und eng von den Saugarmen des Schmarotzers durchsponnen, daß die Unterlage unter den madenartig am Wirt hinkriechenden Geflechten über große Strecken vollständig eingehüllt und den Blicken entzogen sein kann. Mit Hunderten und Tausenden von Saugnäpfen geht der Parasit jetzt auf den Ernährer los und manche fleißige Haselfaser erstickt in den Würgerarmen. Die Saugnäpfe sind breiter als bei allen bisher besprochenen Formen, an starken Wurzeln hanfkorngroß. Von da finden sich alle Übergänge bis zur Größe von Hirsekörnern und kleinen Stecknadelköpfen. Diese kleinsten Gebilde sind junge, noch nicht erwachsene Mäuler. Ganz langsam erstarken sie, und es scheint, daß sie mehrere Jahre funktionstüchtig blieben.

Über den Blütensproß ist nicht viel zu sagen. Die Tozzie hat ihn noch grün gemacht und ist mit ihrem Laub auf Jagd nach Kohlensäuremolekülen gegangen. Sie versuchte einmal in ihrem Leben halbwegs redlich zu sein. Die Schuppenwurz spart sich auch das. Sie hat mit allen Überlieferungen des Grünstengelklubs gebrochen und tritt unmaskiert auf als die, die sie ist. Darum laufen an ihrem Blütensproß auch keine breitspreitigen Blätter mehr hinauf, sondern dünne farblose Schuppen, die an der Luft sich röten und noch später bräunen. Sie setzen die unterirdischen Schuppenorgane unmittelbar fort und sind die Reste des einstigen grünen Laubes. Mehr Sorgfalt wird auf die Blüten verwendet. Sie haben wieder die tierleibähnliche Rachenform mit Unterlippe und Helm, hängen alle nach einer Seite, sind dunkelbraunrot mit purpurfarbigem Fleck an der Kehle und suchen durch schwache Honigausscheidungen die Aufmerksamkeit der Lenzinsekten auf sich zu ziehen. Gar nicht selten werden auch kurze rein unterirdische Blütenträger entwickelt. Die verdeckten Blüten sind im Schauteil etwas verkümmert und öffnen sich nicht, weshalb man sie als Sperrblüten bezeichnet. Im Gegensatz zum Kronteil entwickeln sich ihre Staub- und Fruchtblätter (Geschlechtsorgane) ganz vorschriftsmäßig; sie bestäuben sich auch in der knospenartig geschlossenen Krone unter gegenseitiger Annäherung selber und bringen Samen hervor. Die Samen bleiben unter der Erde, werden vom Regen weiter gespült oder keimen am Ort. Von den gesperrten Kümmerblüten der unterirdischen Achsenteile gibt es alle Übergänge zu den regelrecht gebauten Insektenblumen der Lichtwelt. — Nach der Fruchtreife verfault der Samenträger sehr schnell und die Pflanze zieht sich ganz auf den Wurzelstock zurück, schröpft wieder ein Jahr lang die Wirte und blüht in den nächsten Frühjahren abermals.

Dem Leser wird aufgefallen sein, daß nur Holzgewächse als Wirte genannt wurden. In der Tat gelang es nicht, die Samen der Schuppenwurz auf den Wurzelballen von Gräsern und ein- oder mehrjährigen Kräutern zur Lebenstätigkeit anzuregen. Sie quollen auf, verfielen dann aber, gleich den Tozziasamen der Fließpapierpräparate, zu Moder. Einmal fand Heinricher in einer Grasnarbenkultur einen Schuppenwurzkeimling, doch war es nicht ausgeschlossen, daß zwischen den Gräsern Wurzelfasern einer Holzpflanze umherliefen, und daß der Same sich von ihnen die Lebenskurbel hatte andrehen lassen. Es ist sonach ziemlich wahrscheinlich, daß nur ganz bestimmte Holzpflanzen jenen Stoff ausdünsten, der den Schuppenwurzkeimling zu wirklichem Leben erweckt. Die Schuppenwurz würde somit die Anpassung an bestimmte Wirte weiter treiben als alle ihre Vorgänger. Das ist insofern gewiß bedenklich, als sie sich durch ihre Abhängigkeitserklärung den Zutritt zu allen baum- und strauchlosen Vegetationsgebieten verrammelt und ihre Vervielfältigungschancen heruntersetzt. Aber sie darf sich dieses va banque-Spiel schon leisten. Denn sie macht den Nachteil einseitiger Anpassung an bestimmte Ernährer und den großen Untergang, den die Einschränkung des Lebensraumes heraufbeschwört, im vornhinein wett durch riesige Samenerzeugung. Sie verhält sich in dieser Hinsicht wie ein Bandwurm, der aus seiner Verstecktheit in Tier- und Menschendärmen heraus die Welt mit Millionen und Abermillionen kleinster Eizellen bombardiert und so den unfaßbaren Verlust an Brut, den er infolge seines eigenartigen Lebenswandels erleiden muß, sehr glatt ausgleicht. Es ist wunderlich, wie Tier- und Pflanzenwege da wieder einmal haarscharf parallel laufen.

Ganz hat die Schuppenwurz die Spur, die zum grünbewimpelten Ahnenschloß führt, aber doch nicht verwischen können, trotz aller Anstrengungen nicht. In ihrem Wurzel- und Stengelwerk führt sie noch heute Einrichtungen, die ihre Herkunft aus dem Reich der selbsttätigen reinen Rohköstler verraten. Das ist sehr bemerkenswert. Kohlensäure wird, wie ich schon sagte, nicht mehr zerlegt. Der Blattgrünapparat ist restlos zurückgebildet, man findet in der ganzen Pflanze kein Körnchen Grünstoff mehr. Man sollte nun glauben, daß in Zusammenhang mit der Rückbildung des Assimilationsgewebes auch der Spaltöffnungsapparat verschwunden sei. Kohlensäure wird ja nicht mehr verarbeitet, warum sollen die Tore, durch die das Gas bei grünen Pflanzen seinen Einzug in den Körper hält, nicht vermauert werden?

Der wirkliche Befund stimmt nicht zu dieser Überlegung. An den unterirdischen Wurzelstockteilen, einschließlich der Hohlschuppen, treten Spaltöffnungen in ziemlicher Anzahl auf. Auf den Quadratmillimeter kommen immer noch 12 bis 17. Das ist wenig im Vergleich mit der Bartschie, den Augentrosten usf. Das Vorkommnis kann aber doch nicht übersehen werden, zumal kein Zweifel besteht, daß die Spaltöffnungen ganz regelrecht tätig sind. Nicht so sehr als Verdunstungsventile. Die Regelung des Wasserverkehrs ist in der Hauptsache Aufgabe der in den Blatthöhlen sitzenden Drüsen- und Köpfchenhaare. Aber außer der Hinausbeförderung von überschüssigem Stoffwechselwasser hat der Spaltöffnungsapparat an der grünen Pflanze ja noch einer zweiten, sehr wichtigen Leistung vorzustehen: er hat den Sauerstoff, den die Pflanze zur Atmung braucht, in die Gewebe hineinzuleiten. Dieses Gas kann auch der Vollparasit nicht entbehren. Aus der Tierreihe sind zwar Schmarotzerformen bekannt, die ohne jeden Genuß aktiven Luftsauerstoffs auskommen können. Zu ihnen gehört u. a. der Spulwurm, ein sehr häufiger Bewohner des Darmes kleiner Kinder. Nicht als ob er des Sauerstoffs, dieses funkensprühenden Oxydators chemischer Verbindungen, ganz und gar entraten könnte. Aber er nimmt ihn nicht durch besondere Atmungsorgane oder einfach durch die Haut aus der Umwelt in sein Inneres auf, sondern gewinnt ihn durch Vergärung seines Muskelzuckers, also durch einen innerlichen Spaltungsprozeß, zu dessen Durchführung sonst nur Organismen von der Art der Hefebakterien und Pflanzensamen befähigt sind. Nur in äußerster Not können auch luftatmende Wesen auf diesem Weg das nötige Atmungsgas sich verschaffen. So wissen wir, daß gewisse Fische, der Frosch, die erwachsene grüne Pflanze, ja sogar der Muskel des Menschen bei Aufenthalt in sauerstofflosem Raum bestimmte Inhaltsbestandteile ihres Plasmas durch Gärung zerreißen, um den zum Betrieb der Lebensmaschine notwendigen Sauerstoff frei zu machen. Es wäre also denkbar, daß auch die Schuppenwurz — nach dem Vorbild des schmarotzenden Spulwurmkollegen — ihren Sauerstoffbedarf durch Vergärung zuckerhaltiger Plasmaerzeugnisse deckt, die sie in fertigem oder halbfertigem Zustand ihren Ernährern entwendet. Wozu dann aber die Spaltöffnungen? Der Kohlensäurezufuhr — das ist erwiesen — dienen sie nicht. Sie dienen auch nicht dem Wasserverkehr. Und doch sind sie funktionstüchtig! ... Nein, es bleibt wirklich nur die Annahme übrig, daß die Schuppenwurz ihren Sauerstoffbedarf noch ganz regelrecht aus der Außenwelt deckt und die feinen Hautporen der unterirdischen Schuppenblätter und Wurzelstockäste nichts anderes sind als die Lungentore der Pflanze. Sie schlucken das zu allen Verbrennungen unentbehrliche Gas aus den winzigen Luftlücken der Humusbänke auf und lassen es zu den zentral gelegenen Verbrauchsstätten abfließen. Sie sind ja auch, genau wie bei grünen Pflanzen mit kräftigem Durchlüftungswesen, über die Hautoberfläche hügelartig erhöht. Die Spaltöffnungen an den unterirdischen Organen der Schuppenwurz ständen also, wie schon Heinricher bemerkt hat, ihren Leistungen nach mit den Spaltöffnungen der Wasserpflanzen im nämlichen Rang.

Etwas andere Zustände herrschen an den oberirdischen Stengelteilen. Dem Blütenträger fehlen Spaltöffnungen ganz, nur an den Blütendeckschuppen, den Kelchblättern und der Fruchtknotenwand treten sie in bescheidener Anzahl noch auf. Funktionsfähig sind jedoch sicher nur noch die wenigsten. Fast immer ist der Spalt zwischen den Schließzellen, die das Tor zu bewachen haben, verkrüppelt oder zugewachsen, und wenn er vorhanden ist, so fehlt ihm die Verbindung zur dahinterliegenden Atemhöhle. Es ist denkbar, daß hier oben, wo die Pflanze rings von sauerstoffhaltiger Luft umspült ist, durch bloße Hautatmung der nötige Sauerstoff beschafft werden kann, während der schwere und feuchte, im großen und ganzen ja auch schlecht durchlüftete Humus, in den die unterirdischen Organe hinabtauchen müssen, eine energischere Bearbeitung erfordert. Die Spaltöffnungen konnten darum oberwärts verkümmern, während sie unterwärts nicht ganz entbehrlich waren und die eigenartige Umweltbeschaffenheit der Wurzeln sie in den geschilderten Formen erhielt.

Die Verbreitung der Pflanze reicht außerordentlich weit. Sie geht von England bis zum Himalaja, vom mittleren Schweden bis nach Sizilien, aber über die untere Grenze der subalpinen Region steigt sie nicht auf. Daneben gibt es noch eine gestrecktere westeuropäische Art, eine dritte Form in den Balkangebirgen, eine vierte in Japan. Die Gattung dürfte also wieder im östlichen Asien entstanden sein. Strittig ist vorläufig noch ihre Stellung im System. Heinricher nimmt sie zu den Rachenblütlern herüber, stellt sie also hinter die Tozzie, der sie sich biologisch anschließt. Ich habe aber nicht bemerkt, daß diese Ordnungsform bisher von jemand übernommen worden sei. Man bringt die Pflanze lieber bei den Orobanchen unter, von denen wir im folgenden hören werden.

* * *

Die Orobanchen sind den Rachenblütlern sehr nahe verwandt und haben in der Tracht größte Ähnlichkeit mit der Schuppenwurz (s. d. Abb. S. 73), in der Lebens- und Entwicklungsweise aber weichen sie stark von ihnen ab. Nicht als ob die Orobanchen ihre Seele einem weniger habsüchtigen Teufel verschrieben hätten. Sie haben Kontrakt mit dem gleichen Patron wie die Schuppenwurz, und die Bedingungen, unter denen sie sich verkauft haben, lauten wie dort. Sie müssen alles hergeben, was Zier und Schmuck der grünen Pflanze war. Aber der Teufel ist zu ihnen galanter. Der Schuppenwurz wies er Gebüsche und Wälder an, die Orobanchen schwelgen mitten in dem Kraut- und Blumenparadies dieser Erde. Denn nachdem die Stärkefabriken geschlossen und die Blattgrünapparate unbrauchbar geworden sind, werden diese Pflanzen nicht mehr von der Tragik der Lichtbedürftigkeit verfolgt, die den grünen Zahn- und Augentrosten, den Klappertöpfen, Läusekräutern usw. den Zutritt zu den hohen, dichtbevölkerten Beständen kräftiger Grünstengel ein für allemal verwehrte. Sie brauchen weder Schattenstand noch Gedränge zu fürchten; die besten Erdenfleckchen, worauf das grüne Fleisch am fettesten und üppigsten gedeiht, stehn ihnen offen. Das ist der Extralohn, und keiner hat gesehen, daß sie ihn ausgeschlagen hätten.

Aber sie stammen eben doch aus einem andern Balkanstaat der Blütenpflanzenwelt. Sie nehmen drum auch eine etwas andere Entwicklung.

Fürs erste legt der Embryo, der wiederum nur in Berührung mit einer Wirtspflanze aufgehen kann, nicht einmal mehr ein Würzelchen an. Auch die Keimblätter schenkt er sich. Er spinnt sich einfach in ein weißes wurmartiges Fädchen aus, und dieses Fädchen wächst mit seinem Fußende in die Nährwurzel tief, immer tiefer hinein, bis es mitten in der Herzgrube sitzt. Hier entwickelt es einen Saugkopf mit bedeutender Oberfläche. Erst nach durchaus verläßlicher Angliederung an die Saftbahnen des Wirtes denkt das Orobanchelärvchen daran, eine Pflanze zu werden. Zu diesem Behufe steckt es den spitzigen Kopf aus dem Rindenloch, worin es sitzt, und legt jenseits der Wirtswurzel im Boden etwas wie einen Vegetationskörper an. In erster Linie wird eine Knolle gebildet. Ist sie genügend mit gestohlenen Reichtümern vollgestopft, so kriechen hieraus die ersten echten Wurzeln hervor, Wesen, vergleichbar den Arbeiterinnen im Bienenstaat, erzeugt von der Königin Knolle. Für dauerndes Bodenwachstum

Kleewürger (Orobánche minor). (Aufnahme von J. Hartmann.)

wie bei der Schuppenwurz wird dieser Wurzelapparat nicht eingerichtet. Die Orobanchen begnügen sich mit der Erstellung eines dichten Schopfes ganz kurzer wurmartiger Fäden; in seiner Gesamtheit bildet er ein gedrungenes Organ, dessen einzelne Arme zur raschen Überführung verdichteter Nahrung in die Knolle ebenso befähigt sein müssen, wie zum Eindringen in den Wirt. Ihre erste Tätigkeit besteht denn auch darin, neue Geldquellen flüssig zu machen. Sie gehen dabei, nach der Darstellung Kochs, viel schonender vor als der Keimfaden, der den ersten Anschluß vermittelt hat. Letzterer grub sich rücksichtslos in den Wirt und wandelte sich aus einem flachen einzinkigen Schneidezahn schnell in einen gefährlichen Backenzahn um, der mit vielen Zinken sich in den Saftbahnen festsetzte. Nun bohren zwar auch die Saugnäpfe der Zusatzwurzeln ein stattliches Loch, aber es ist, als ob sie den Eindruck, daß sie Fremdkörper seien, möglichst verwischen wollten. Denn sie gehen mit den Zellen, die die Gefäßbündelstränge des Wirtes verschalen, allenthalben Verwachsungen ein. Der Wirt seinerseits folgt den eingedrungenen Saugfortsätzen oft mit sonderbaren gallenartigen Zellwucherungen. Solche Verwachsungen sind natürlich gleich günstig für Schmarotzer und Ernährer, denn sie verhindern, daß die saftleitenden Gefäße aufgesprengt und die saugenden Arme kaltgestellt werden.

Auch im künftigen Verhalten gehen die Orobanchen ihre eigenen Wege. Sie brauchen nicht acht und zehn Jahre, um sich zur Blühreife heranzumästen, sondern strecken, je nach der Art, schon im Keimungsjahr, höchstens im zweiten oder dritten Sommer einen Arm über den Boden hinaus und behängen ihn mit einem Strauß roter, weißer, bläulicher, brauner oder fleischfarbiger Rachenblüten. Nach der Samenreife stirbt die Pflanze stets ab.

Aber sie kann im nächsten Jahr wiederum auferstehen. Ob es dazu kommt oder nicht, hängt ganz ab von der Beschaffenheit des Ernährers. Nehmen wir beispielsweise den hohen ästigen Hanftod (Orobánche ramósa), eine Pflanze mit bläulichem Stengel, der sich später gelb umfärbt. Sie blüht schon im ersten Jahr und sitzt am liebsten auf Hanf. Hanf ist einjährig, er geht im Spätjahr ein, mit ihm oder schon vorher stirbt auch der Schmarotzer. Ein Botaniker wird auf Grund dieser Beobachtungen den Hanftod natürlich zu den einjährigen Pflanzen stellen. Aber die O. ramósa siedelt sich gelegentlich auch auf Meerrettich (Nastúrtium armorácia) an. Der Beobachter wird in diesem Fall finden, daß sie wieder im ersten Jahr blüht, und daß der oberirdische Teil nach der Samenreife verfault. Aber die unterirdische Knolle zerfällt jetzt nicht. Sie ist zwar nach der Blütenperiode ganz ausgesogen, allein der Meerrettich ist eine ausdauernde Pflanze mit sehr kräftigem Wurzelwerk. Diesen Zufall macht sich der einjährige Würger zunutze: statt abzufaulen, bereitet er sich auf die Überwinterung vor.

Die Überwinterung leitet der Schmarotzer auf höchst merkwürdige Weise ein. Er bricht alle Wurzelbrücken, die schon ein Jahr ihre Schröpfarbeit besorgt haben, ab. Nur ganz junge Wurzeln, mit denen er um die Blütezeit herum noch neue Eroberungen am Wurzelwerk des Meerrettichs gemacht hat, bleiben erhalten. Sie scheinen freilich über Winter ziemlich untätig zu verharren. Erst beim allgemeinen Säftesteigen im kommenden Lenz nehmen sie ihre Geschäfte wieder auf und pumpen die nahezu ausgeleerte Knolle mit neuen Stärke- und Kraftmassen voll. Die wieder zu Kraft gelangende Orobanchenknolle gebiert in der Folge einen Schwarm neuer eroberungssüchtiger Wurzelfäden. Zur üblichen Zeit blüht sie hierauf zum zweiten Mal. Nun allerdings erholt sich die Knolle wahrscheinlich nicht mehr. Sie müßte sich ja noch einmal ganz frisch füllen können, denn die Blütezeit hat alle Reservestoffe verbraucht. Innerlich fehlte ihr ja wohl kaum die Eignung zu einer dritten Erneuerung, aber es mangeln jetzt die Nährquellen. Durch die dauernde Stoffentnahme ist der Meerrettich so geschwächt, daß er die Knolle nicht noch ein zweites Mal aufzufüttern vermag. Die Folge ist, daß sie eingeht.

Andere Orobanchen brauchen unbedingt zwei, öfter drei Jahre zur Erlangung der Blühreife. Solche Formen, zu denen mit 18 Arten die Mehrzahl der heimischen gehört, können natürlich nur auf ausdauernden Kräutern, Halbsträuchern und Sträuchern eine geeignete Nährquelle finden. Diese Arten sorgen auch für gewöhnlich nicht nur durch Hinterlassung zahlloser Samen für die Erneuerung ihres Geschlechtes, sondern treiben nebenher eine mehr oder weniger reiche vegetative Vermehrung, über die noch einiges gesagt werden muß. Denn sie gehen dabei mit recht verschiedenen Mitteln vor. Es kann beispielsweise vorgekommen sein, daß infolge allzu üppiger Ernährung der Knollenraum nicht zur Aufnahme der erbeuteten Stoffe ausreicht. In diesem Fall bilden sich am Äquator der Knolle Ersatzsprosse. Sie wachsen allmählich zu Tochterknollen heran, die sich selbständig festsaugen und bald ganz auf eigene Kosten ernähren. Im nächsten Jahr, wenn die Mutterknolle zerfallen ist, werden die Tochterknollen zu neuen Pflanzen. Dieser Fall kann sich vereinzelt sogar bei Orobanchen ereignen, die auf einjährigen Wirten angesiedelt sind. Im allgemeinen jedoch erfolgt die Erneuerung nicht aus Ersatzknollen, sondern aus einzelnen, sehr kräftigen Saugwurzeln, die ihre Verbindung mit der Mutterknolle lösen. All die guten Dinge, die sie mit ihrem saugwarzigen Kopfstück erbeuten, können dann nicht mehr nach hinten fließen, sondern sammeln sich in dem Wurzelstumpf an. Bis zum Herbst schwillt dieser infolgedessen zu einer Ersatzknolle an, die im Frühjahr einen Schwarm neuer Saugwurzeln entsendet und im Sommer blüht. Natürlich sind zu solchen Entfaltungen nur Saugwurzeln fähig, die sich an vieljährigen Wirten festgebissen haben.

Diese vegetative Vermehrungstätigkeit ist recht unangenehm, denn die Orobanchen stiften bei ihrer Neigung, Kulturpflanzen zu befallen, beträchtlichen Schaden und säen sich ja überdies nicht weniger üppig aus als die Schuppenwurz. Jede Samenkapsel enthält (nach Wentz) „etwa 1500, nicht selten bedeutend mehr Körnchen von dunkler Färbung und von nahezu ovaler Form, in der ganzen Masse der Farbe des Tabaks sehr ähnelnd. Mit der Zeit springt die Kapsel in der Längsrichtung seitwärts auf und überläßt die nun frei zutage liegenden Körnchen dem Spiel des Zufalls." Da eine halbwegs kräftige Pflanze 70 und mehr Samenkapseln trägt, schließt normalerweise jede Orobanche ihren Lebenslauf mit Hinterlassung von etwa 100000 bis 150000

Embryonen der leichtesten, verwehbarsten Art. Stehen nun, wie das nach den Berichten landwirtschaftlicher Zeitungen in manchen Gegenden vorkommen kann, auf dem Quadratfuß Ackerboden fünf Pflanzen beisammen, so gibt das auf den Morgen schon 130000 Orobanchen. Das sind noch nicht einmal ganz so viel, wie eine einzige Pflanze während eines Sommers Samen gebiert. Die Orobanchen können aber oft noch viel dichter stehen. Zählungen in Hanffeldern ergaben auf vier Quadratmetern im Durchschnitt 406 Orobanchen, die mit Hinterlassung von rund 100 Millionen Samen das Zeitliche segneten! Angesichts solcher Fruchtbarkeit wird man es als ein großes Glück betrachten müssen, daß die Orobanchen sich noch inniger als die Schuppenwurz ganz bestimmten Wirten angewöhnt haben, und daß nur bei Begegnung mit ihnen die Keimung glücklich von statten geht. Zwar bleibt der Embryo mehrere Jahre entwicklungsfähig, aber das hindert nicht, daß nach den Schätzungen von Fachleuten von 100000 Sämchen nur etwa einem der Aufstieg zur Vollpflanze glückt. 99999 sind von vornherein Todgeweihte.

Immerhin haben sich keineswegs alle Orobanchen gleich tief in die gefährlichen Strudel allzu einseitigen Spezialistentums hineinreißen lassen. Von den einkeimblättrigen Blütenpflanzen, deren Hauptmasse die Gräser stellen, halten sie sich so gut wie fern. Sie suchen also nicht die Kreise der Augen- und Zahntroste, Klappertöpfe usw. zu stören. Das ist ein recht hervorstechender Zug. Aber auch innerhalb des weiten Reiches der zweikeimblättrigen Blütenpflanzen treten einzelne Arten nicht immer das gleiche Pflaster. Man braucht nur die aus Aufzuchtversuchen hervorgegangenen Wirtstabellen durchzusehen, die Koch seinem großen Orobanchenwerke mitgegeben hat. Darin werden für den Hanfwürger (O. ramósa) nicht weniger als 29, für den blaßblütigen Distelwürger (O. pallidiflóra) 13, für den Efeuwürger (O. héderae) 3 und für den Kleewürger (O. minor) sogar 44 leistungsfähige Ernährer aufgezählt. Natürlich sind die einen weniger, die andern besser geeignet, und unter letzteren wieder gibt es Lieblingswirte. Es fällt aber doch auf, daß der Ammenkreis einer Orobancheart Pflanzen aus den allerverschiedensten Familien umfaßt. Am zahlreichsten sind Schmetterlingsblütler, Korbblütler und Lippenblütler vertreten, am dürftigsten Himmelsschlüsselgewächse, Malven, Wolfsmilche und Veilchen. Lilien, Lorbeergewächse, Borretschgewächse, Glockenblumen und Heidekräuter werden anscheinend ganz verschont.

* * *

Unser dritter Würger ist die Seide (Cuscúta, s. d. Abb.). Treffender heißt sie Teufelszwirn. Sie stammt von Pflanzen ab, die von jeher anlehnensbedürftig gewesen sind und schon in grünen Jugendwochen haltbare Bindungen mit den nächsten Nachbarn gesucht haben. Denn die Seide ist ein Windengewächs. Alle diese Pflanzen huldigen, wie man weiß, dem harmlosen Brauch, sich mit ihren dünnen, biegsamen Stengeln an jedem Gegenstand, der ihnen in die Arme fällt, windend emporzuziehen und ihn in leichten Spiralwindungen von rechts nach links zu umschweben. Ihren Ernährungsansprüchen nach sind sie reine Rohköstler. Zucker und Stärkestoffe bereiten sie sich tagsüber selbst mit dem grünen Laub, das bei dichtem Stand der Windlinge in mosaikartigen Gehängen, die Spreiten flach nach außen gekehrt, zwischen den Blättern der Stützpflanzen hervortritt. Die Wasser- und Mineralsalzzufuhr besorgt ein Bündel fleißiger, zäher Fasern, die mit vielen Wurzelhaaren die Bodenkrumen beackern. Die Winden nehmen somit dem lieben Nachbarn nichts weg. Sein schlank aufschießendes Stengel- und Zweigwerk dient ihren rückgratlosen Leibern nur als Lehne und Krückstock.

An einer dunklen Stelle der Vorfahrenreihe unserer heutigen Winden, in grauer Vorzeit natürlich schon, muß es dann aber doch einmal eine leichte Entgleisung gegeben haben. Die rankenden Arme, die unmittelbar dem saftigen Fleisch der Nachbarn auflagen, wurden von dieser Berührung seltsam erregt, es war ihnen, als ob die Verbindung noch inniger und sie mit dem vollblütigen Nachbar, der so gerade und fest auf seinem Platze stand, sozusagen eins werden müßten. Und eines Tages entwickelten die Windenfäden an den Stellen, wo der Leib des Nachbarn so grün und voll zu fühlen war, dünne flache Haftscheiben,

Kleeseide (Cuscúta trifólii). (Aufnahme von J. Hartmann.)

womit sie ihn, wie mit Händen, ganz sanft betätscheln und festhalten konnten. In noch späterer Zeit wuchs aus der Mitte der Haftscheiben ein nagelartiger Fortsatz hervor und bohrte sich dem tragenden Freund in die Seele.

Nun ging es mit den Windlingen rasend bergab. Erst begann das Wurzelwerk zu verkümmern, weil diese Organe zur Beschaffung von Wasser und Salzen ja nicht mehr von Nöten waren. Man bezog diese Sachen jetzt aus den Stengeln des Freundes. Dann kamen die Blätter daran, weil mit der Zeit auch die selbständige Zucker- und Stärkebereitung eingestellt wurde. Und so wurde die Stützpflanze zum Wirt und der Windling wurde zum Würger, zu einem Wesen, das nur noch aus unverkümmerten Stengelteilen und Blütenballen besteht, den Bewegungs-, Freß- und Fortpflanzungsapparaten. Ja es wurde alle Lebenskraft, die man aufzuwenden hatte, nun in die Vegetationspunkte des Stengelgeäders hineingeschüttet, und dieses mehr und mehr zu einem Gezücht saitenfeiner, windender Schlänglein ausgesponnen, das weiter und weiter kriechend, immer neue Seitenäste bildend, meter- und meterweit durch die Staudengebüsche hinkriechen und ungezählte grüne Stengel aussaugen kann. So kam die Seide zuweg (oder man kann es sich doch so denken).

Nach dem Gesagten liegt der Hauptunterschied zu allen bisher behandelten Würgern in der neuartigen technischen Einrichtung des Würgerbetriebs: die Seiden plündern ihren Wirt nicht an der Wurzel und mit der Wurzel aus, sondern ziehen mit ihrem oberirdischen Gebäude auf Raub; sie saugen dementsprechend auch an den oberirdischen Organen der Opfer. Die schlingenden Stränge, Därmen vergleichbar, haben wieder die blasse Farbe, die für Höhlentiere und Eingeweideorgane bezeichnend ist. Allmählich freilich schlägt das Licht, worin sie dahinkriechen, allerhand feine Farbstoffkörnchen in ihnen nieder, und sie werden gelb, ockerfarben, lilarot, grauviolett, bräunlich. Bei genauer Untersuchung lassen sich auch Spuren von Blattgrün, sowohl im Stengelwerk wie in den winzigen Blattschuppen nachweisen, die da und dort von den Därmen abschilfern. Aber dieses

Grün dient, wie im Stengel der Orobanchen, nur noch zur Unterstützung der Pförtnerzellen an den Toren der wenigen Spaltöffnungen, die das Bedürfnis zur Durchlüftung den Schmarotzerleibern erhalten hat.

Auf die Entwicklung von Wurzeln läßt sich nicht einmal der Keimling mehr ein. „Als fadenförmiges Gebilde" — schrieb ich im 5. Band von „Das Leben der Pflanze" — „an dem sich Spuren einer Gliederung so wenig nachweisen lassen, wie am Embryo der Orobanche, und Keimblätter vollständig fehlen, liegt er spiralig eingerollt inmitten des kleinen fleischigen Nährgewebekörpers, der die dicke Samenschale erfüllt. Erst spät im Frühjahr, wenn die Mehrzahl unserer ausdauernden Stauden sich bereits mit Stengeln über die Erde erhoben hat, sprengt er den Sarg und bohrt sich mit seinem kolbenförmigen unteren Ende zwischen den Erdkrumen ein; der Kopf bleibt einstweilen noch in der Samenschale versteckt und schafft, am Nährkörper saugend, Baumaterial für das Ganze zur Stelle. Das Wachstum beschränkt sich in dieser Zeit ausschließlich auf den zwischen Kopf und Schwanzstück gelegenen Mittelteil und wird auf Kosten der Mitgift so lange fortgesetzt, bis der Embryo als ein dünnes, fingernagelgroßes, weißes Würmchen erscheint; dann ist der Nährkörper aufgezehrt, die Samenschale wird abgeworfen und der Kopf des Würmchens erhebt sich frei in die Lüfte. Von nun an muß das Gebilde sich selbst zu ernähren trachten. Dies gelingt ihm nur dadurch, daß es sich selber verzehrt. Tatsächlich sieht man, daß das untere, im Boden haftende, kolbige Ende des Keimlings allmählich abmagert, während das Kopfstück fadenfein in die Länge wächst. Noch immer ist das weiße Würmchen vollkommen ungegliedert, und wenn es ihm jetzt, so lange der Schwanz es im Boden festhält und ihm als Stütze dient, nicht gelingt, mit einer lebenden Pflanze in Berührung zu kommen, so ist es mit seiner Herrlichkeit aus; es fällt erschöpft um und verendet. Nicht sofort allerdings; es ist zäh wie eine Katze und kann, wenn die Umgebung genügend feucht ist, drei bis vier Wochen scheintot am Boden liegen. Streift jedoch eine inzwischen aufkeimende Pflanze oder ein Stengelarm an dem vermeintlichen Leichnam nur flüchtig vorbei, so springt ihm das scheintote Ding gleichsam an den Hals, und es geschieht, was sich normalerweiser schon am 5. oder 6. Larventag beim Zusammentreffen mit einer lebenden Pflanze ereignet hätte: das Würmchen erfaßt den Stengel, der es berührt, schlingt sich in einer ganz engen Windung um ihn herum und entwickelt an der Stelle, wo der erste Berührungsreiz übergesprungen ist, eine Saugwarze, mit der es sich fest in das Gewebe des Wirtes einbeißt."

Ist die Verbindung erreicht, so geschieht etwas Unerwartetes: das Würmchen, das sein Bedürfnis nach Anschluß an einen Ernährer befriedigt und nach Art einer Ranke sich fest an den Fremdling angepreßt hat, wendet sich von ihm ab. Der Hunger ist für den Augenblick gestillt, und der Periode äußerster Reizbarkeit für Berührungseindrücke folgt eine Periode der Abstumpfung, während welcher das Seidenlärvchen ganz zur Bewegungsmaschine wird: es dreht sich jetzt mit der wachsenden Spitze von der Unterlage weg und beginnt sie, ganz nach Art der Winden, von denen es abstammt, in lockerer Spiralbahn zu umkreisen. Nach einer Weile fällt es dann wieder auf dem Wirtsstengel ein. „Die Vorteile, welche der Seide hieraus erwachsen," bemerkt Ludwig Koch, „sind unschwer einzusehen. Bei andauernder Reizbarkeit (für Berührungseindrücke) könnte die Pflanze nur sehr langsam an ihrem Wirt in die Höhe steigen. Ein Ausbreiten auf oberen Teilen und das Ergreifen benachbarter Pflanzen wäre erschwert, wenn nicht ganz verhindert. Außerdem würden sich die Saugwarzen lokal so anhäufen, daß der Wirt Gefahr liefe zu erkranken, und der Schmarotzer wäre in seiner Existenz bedroht." — Diesen Unleidigkeiten geht die Seide durch Aufteilung ihrer Tätigkeit in eine Periode, worin jeder Arm nur Freßtier ist, und in eine zweite, worin er nur wandert, hübsch aus dem Weg.

Der Bau der Saugwarzen bringt nichts Neues, ebensowenig wie ihre Überfallstätigkeit; sie gehen, um die Festheftung zu erreichen, genau nach Art der Schuppenwurz vor. Tote Teile werden angeblich niemals ergriffen, nur die lebende Pflanze sondert jenen Stoff ab, der den Seidenfaden zum Zubeißen anreizt. Noch wunderlicher ist auf den ersten Blick, daß die Pflanze beim

Hinkriechen über die Wirte von hintenher abstirbt. Bei einigem Nachdenken wird es aber begreiflich, daß zunehmendes Wachstum den Darm in ein totes Hinter- und ein lebendiges Vorderstück aufspalten muß: die kriechende Seide findet mit der Zeit mit ihren hinteren Mäulern nichts mehr zu fressen, weil die Ausgeplünderten sterben. Und zur Auffütterung der meter- und meterlangen Würgerstricke reichen die Brocken, die die vorderen Teile erbeuten, eben doch nicht aus. So gibt sie den Hinterleib preis und wälzt sich weiter.

Selbstverständlich können die Seidenarten bei dem Fehlen jeglichen Wurzelwerks, worin sie den Winter überdauern könnten, nur einjährig sein. Sie sind für die Erneuerung ganz auf die Samen angewiesen, die in knäueligen Blütenbündeln von verschiedener Form hervorgebracht werden. An den Blüten ist wenig bemerkenswert. Die einzelnen Häuschen sind überaus klein geworden, krugförmig, weiß oder mattrot gefärbt und sitzen in ungestielten, kugeligen Gruppen an den ästigen Därmen verteilt. Die Bestäubung besorgen Insekten, denen der Honig durch zusammenneigende Schuppen teilweise verdeckt wird; noch häufiger tritt Selbstbefruchtung ein. Die Frucht ist eine achtsamige Kapsel mit abhebbarem Deckel darüber.

Da die Seide es darauf abgesehen hat, ihren Ernährern mit den oberirdischen Organen zu begegnen, brauchte sie sich wegen Einleitung der Keimung natürlich nicht in Abhängigkeit zu begeben von einem Wirt. Die Samen schlagen dementsprechend auf jeder Unterlage aus. Neuerdings ist es dem Franzosen Molliard sogar gelungen, unsere Hopfenseide (C. lupilifórmis), die man auf dem Titelblatt sieht, in künstlichen Nährlösungen groß zu ziehen. Molliard ließ die Samen auf feuchter Watte keimen und brachte die Pflänzchen dann in Gläser mit Nährlösungen von verschiedener Beschaffenheit. Es wurde darauf geachtet, daß die Seidenlärvchen ganz, aber doch nur oberflächlich in der Nährlösung eingetaucht waren. In rein mineralischen Flüssigkeiten, mit denen eine grüne Pflanze stets aufs beste auskommen würde, ging die Entwicklung nicht weiter, wurden aber fünf bis zehn Prozent Zucker beigegeben, so schwollen die Keimpflänzchen an, die

Stengel begannen in die Länge zu wachsen, färbten sich rötlich und trieben ziemlich große Schuppenblättchen aus. Bis dahin war die Nahrung auf rein osmotischem Weg (d. h. indem sie durch die feinen Hautporen drang) von der ganzen Körperoberfläche aufgenommen worden. Jetzt, wo die Pflänzchen einigermaßen erstarkt waren, legten sie auch Saugnäpfe an und tauchten damit in die Nährflüssigkeit. In noch größerer Anzahl wurden Saugwarzen gebildet, wenn dem Nährboden etwas abgebautes Eiweiß hinzugefügt wurde. In diesem Fall blieben die Pflänzchen über zwei Monate am Leben. Der Absterbeprozeß vollzog sich wie in der Natur: die über die Nährflüssigkeit hinausgewachsenen Stengel dorrten von hinten her ab, bildeten aber noch vor dem Hinscheiden Blüten. Da die Nährlösung um diese Zeit noch lange nicht erschöpft war, möchte ich annehmen, daß der unter regelrechten Daseinsbedingungen in einer 4- bis 6wöchentlichen Periode schwingende rhythmische Wechsel von Leben und Tod, in den die Ernährer das Cuscútapflänzchen allmählich hineingezogen haben, bereits zu einer festen, durch Vererbung übertragbaren Eigenschaft geworden sei. In den künstlichen Nährlösungen lag ja nicht der geringste äußere Anlaß zum Abwelken vor. Es war für den Faden noch Futter genug am Platz. Trotzdem gingen die Pflänzchen von hinten her ein, als wäre der Nährboden ausgesogen, und schnitten dadurch ihren lebensfähigen Kopfstücken jede Verproviantierungsmöglichkeit ab. Sie starben also nicht an der Gegenwart, sondern an der Vergangenheit, möchte man sagen. Die Versuche sind weiterhin darum beachtenswert, weil in ihnen die Hopfenseide sich als Totstoffverzehrer entpuppt hat. Man darf wohl vermuten, daß sie auch in der Natur diese Fähigkeit ausnützt.

Hinsichtlich der Wirte haben sich die Seiden im Lauf der Entwicklung ähnlich spezialisiert und bureaukratisiert wie die Orobanchen, ja es scheint, daß der Anpassungsprozeß noch mitten im Lauf ist. Manche Arten, wie die C. europáea gehen ziemlich wahllos auf Kräuter, Stauden, Sträucher und ganz junge Bäumchen (Nesseln, Hopfen, Weiden, Pappeln, Hanf), andere, wie die Kleeseide und Flachsseide (C. trifólii und epilínum) bevorzugen die Pflanzen als Wirte, wonach sie benannt sind. Weitere Einzelheiten sind kaum von Interesse, da die ganze Wirtsfrage noch keineswegs durch Kulturversuche genügend klargelegt ist. Jedenfalls werden Gräser gemieden. Der Schaden kann bei massenhaftem Auftreten im Kulturgelände mindestens so groß sein wie der Schaden der Orobanchen. Denn die Seiden verwüsten ihre Ernährer bis auf den Grund.

VI. Die Baumschmarotzer.

Erst saß das Schmarotzertum tief drinnen im Boden, lichtscheu und anfängerhaft. Nur mit Mühe und Not konnten seine Schleichwege aufgedeckt werden. Dann wand er sich um Stengel und Halme hin, würgte ungescheut am hellichten Tag. Jetzt wird der feste Grund ganz verlassen. Man steigt ins Geäst der Bäume und schlägt seine Zelte zwischen Himmel und Erde auf.

So hält es die Mistel (Viscum album), unser bekanntester Baumschmarotzer. Sie stammt aus der Blütenpflanzenfamilie der Loranthazeen oder Riemenblumengewächse, die lauter Schmarotzer geliefert hat. Aber sie schließt sich biologisch nicht den Schuppenwurzen, Orobanchen und Seiden an, sondern den Augentrosten, Klappertöpfen und Wachtelweizen. Das verrät schon ihr Äußeres: sie hat grünes Laub.

Die Mistel (s. d. Abb. S. 86) erscheint als kleiner, zumeist in Kugelform wachsender Strauch, der über kurzem dickem Stamm auf der Astrinde sitzt und einen Schopf gabelig sich verzweigender Sprosse entwickelt. Jedes Jahr setzt jeder Zinken zwei neue an. So geht es in ewig gleichem Zweitakt bis zur Spitze hinaus, wo jedes Zweiglein mit zwei hörnerartig wegstehenden Blättern abschließt.

Die Blätter sind wintergrün, dick, haben Spatelform oder sind gestreckt zungenförmig und fühlen sich ledern an. Auch die Zweige haben eine dunkel-olivgrüne Rinde. Mit diesen Blättern und dem grünstoffgeladenen Rindengewebe zersetzt die Mistel unter Zuhilfenahme des Sonnenlichtes Kohlensäure und verarbeitet die Kohlenstoffmoleküle in der üblichen Weise zu Zucker- und Stärkesubstanz. Sie wird in der Rinde, dem Mark der Äste und dem Fleischgewebe der Blätter niedergeschlagen. Wasser

Mistel (Viscum album) breitblättrige Form (Aufnahme von J. Hartmann.)

und Salze dagegen entzieht die Pflanze dem Wirt. Da sie beim Eindringen in den festen Rinden- und Holzkörper das Ernährergewebe zerstört und verflüssigt, kommt sie nebenher auch in den

Besitz kleiner Spuren von organischer Substanz. Aber diese Zuschüsse sind ziemlich bedeutungslos. Sie spielen im Stoffhaushalt der Mistel keine größere Rolle als die winzigen Eiweißbissen, die jedes der früher besprochenen, auf Wurzeln sitzenden grünlaubigen Erpresserpflänzchen, das sich mit einem Saugfortsatz dem Wirt anschließt, im Vorbeigehen erbeutet. Dem Grad des Parasitismus nach ist die Mistel somit bei den Erpresserpflanzen einzureihen. Sie ist in der Hauptsache Rohköstlerin, nur daß sie Wasser und die Bausteine zur Herstellung organischer Substanz abermals anderen Pflanzen entwendet.

Es ist sicher sehr merkwürdig, daß die Mistel sich nicht den Wurzeln anschraubt. Denn da sie es nur auf Wasser und Mineralsalze abgesehen hat, säße sie, wenn sie sich mit den Wurzeln verbände, ja unmittelbar an der Quelle des aus dem Boden aufsteigenden Saftstroms. Sie lehnt das ab und gliedert sich den fernsten Ausläufern des Nährsalz verfrachtenden Leitungssystems der Wirtspflanze an. Man kann fragen, warum sie das tut. Aber indem man diese Frage aufwirft, fällt einem auch schon ein, daß es ja im Pflanzenreich ein ziemlich viel geübter Brauch ist, die feste Erde, worauf die Ahnen und Urahnen gewohnt haben, zu verlassen und sich in benachbarten Umwelten neue Reiche zu gründen. Ein Teil der erdgewachsenen Blütenpflanzen watet in Gräben, Tümpel, Teiche und Seen hinein, lernt schwimmen und tauchen, wird gewissermaßen zum Fisch. Ein anderer Teil, dem es in der Enge und Lichtlosigkeit dicht zugesponnener Urwaldgebiete zu unlustig wurde, klettert — gleich den Flugfröschen Javas, den Faltengeckonen und Flugdrachen der malaiischen Inselwelt, den fliegenden Eichhörnchen usw. — in die grüne Stangenwelt hinauf, die sich wie eine Hochbahnanlage breit und biegsam zwischen moderigem Erdreich und glänzend schimmernden Sonnenmeeren hinspannt, und lernt dort oben nicht nur seine Nahrung erbeuten, sondern lernt auch die Fortpflanzungsgeschäfte da oben erledigen und da oben sterben.

Solcher Gewächse gibt es in den Tropen eine ungeheure Zahl. Man nennt sie Überpflanzen. Man hat auch in Erfahrung gebracht, daß sie genau wie die Baumfrösche, Flugdrachen und fliegenden Hunde von der Lebensnot da hinaufgehetzt wurden. Nur daß der Feind, der die Pflanzen verfolgte und sie zum Baumleben zwang, noch ungleich beweglicher und tückischer war, als das Gezücht, das Fröschen und Faltengeckonen das Dasein am Boden so sauer machte: es war die Lichtnot, die unter den Gewölbebögen der lianendurchflochtenen Urwaldkronen allmählich zu einem Riesengespenst herangedieh. Kein Sonnenstäubchen glitt ja bald mehr zu den Stauden und Sträuchern hinab, die im Erdgeschoß dieser Wälder zu wohnen hatten! Wovon sollten sie leben?

Die Natur hatte sie gezeugt und sie schien ihren gänzlichen Untergang nicht zu wünschen, darum half sie einigen von ihnen auf die Bäume hinauf. Zwischen Borkenspalten und rindenwuchernden Flechten, in den Humustälchen ausgefaulter Astlöcher, zwischen feuchten Moosfilzen usw. setzten ihre Samen sich an und benützten den Ast nur als Unterlage. Um Nährstoffe irgendwelcher Art plünderten sie ihn nicht, sondern zehrten ausschließlich vom Wasser, das der Tropenregen brachte, und von der Kohlensäure, die sie mit ihren Blättern zerlegten, von den Salzen, die der Wind in aufgewirbelten Staubwolken herzutrug oder das Klettertier in zufällig an den Sohlen haftenden Erdschilferchen auf der Rinde abstreifte. Solche Pflanzen gibt es noch heute in den Wäldern heißer Länder die Menge. Sie lernten sich an das Baumleben anpassen, lernten Wasser speichern für die Zeit der Dürre, und wie man mit dicht zwischen den Borkenspalten hinkriechenden Wurzelfäden das kleinste Humusnestchen zum Wohlergehen sich nutzbar machen kann.

Einigen der Hinaufgestiegenen fiel die Beschaffung von Wasser und Nährsalzen aber doch schwer. Sie hatten jetzt zwar das unentbehrliche Licht, allein es schien ihnen ein neuer Tod vom Unvermögen der Wurzel zu drohen. Doch als die Wurzel nun in einer Art Verzweiflung zwischen den Rindenfalten recht gründlich in die Tiefe ging, quoll ihr plötzlich Wasser entgegen. Sie war auf die saftleitenden Gefäße des Astes gestoßen, worauf sie saß, und indem sie an der unvermutet erschlossenen Quelle trank, wurde der Träger zu ihrem Ernährer.

Von solchen Gewächsen leitet die Mistel aller Wahrscheinlichkeit nach ihre Herkunft ab. Ihre Lichtbedürftigkeit ist ja noch heute so groß, daß Mistelbüsche, die durch kräftige Entwicklung der Baumkrone allmählich in Schattenstand geraten, eigenartig verkrüppeln und eingehen. Sie leidet also an der nämlichen Not wie die grünen Wurzelschmarotzer.

Auf die Bewohner der Länder nördlich des Mittelmeeres, in deren Gebieten Überpflanzen ja zu den Seltenheiten gehören, hat die ungewöhnliche Lebensentfaltung und Lebensweise des kleinen Strauches schon in Urzeiten einen tiefen Eindruck gemacht. Es berührte sie wohl seltsam, daß zur Zeit des allgemeinen Laubabwurfs der straffe runde Busch weitergrünte, und daß er gerade um Weihnachten herum, wenn die Schneeschicht dicht zu werden begann, an die Fruchtung dachte. Sie konnten das alles nicht recht fassen. Darum wurde die Mistel zwischen Norwegen, in dessen südlichen Teilen sie (bei 59°) ihre Nordgrenze erreicht, und Sizilien, zwischen Spanien und dem Kaukasus, in Russisch-Asien und Japan, wo sie überall vorkommt, zum Gegenstand der Verehrung und Mythenbildung. Die schönste Sage, die so recht die Einzigartigkeit des Strauches betont, ist im Norden entstanden und findet sich in der Edda. Darnach sollte Freia allen Pflanzen das Versprechen abgenommen haben, dem Sonnengott Baldur keinen Schaden zu tun; kein Holzspeer konnte ihn infolgedessen verletzen. Nur eine Pflanze, die Mistel in den Baumkronen droben, hatte Freia übersehen und nicht auf den Eid für Baldur verpflichtet. Loki erfuhr das, schnitzte aus ihren Ästen einen Speer und gab ihn dem Wintergott Hödur, dem blinden Bruder des Lichtgottes, mit dem Auftrag, nach jenem zu werfen. Der Wintergott warf, und so kam der Lichtgott ums Leben. . . .

Auch als Sonnenwendpflanze spielte die Mistel im Kultus der Alten eine bedeutende Rolle, — einiges davon hat sich ja erhalten bis auf den heutigen Tag. Unter dem Mistelzweig wird in England (und auch bei uns zum Teil) Weihnachten gefeiert, mit dem Mistelstrauch am Stallpfosten wehrt der schwedische und finnische Bauer Seuchen, Feuerschaden und anderes Ungemach ab, mit dem Mistelholz versucht das Volk, genau wie die griechischen

Kräuterdoktoren, Fallsucht und andere schwere Krankheit zu heilen. Ganz so lieb wie unsern Vorfahren ist uns die Mistel aber doch schwerlich mehr. Der Feldzug, den Land- und Forstwirtschaftslehrer gegen sie unternahmen, weil sie durch ihren Wasserentzug die Äste der Bäume zum Vertrocknen bringt und mit ihren Senkern das Nutzholz durchlöchert, ist nicht erfolglos geblieben. Man findet das Gewerbe, das sie treibt, etwas anrüchig, und wenn nicht die Botaniker beim Studium ihrer Lebensweise eine Fülle interessanter Einzelzüge entdeckt hätten, die den Schmarotzerstrauch vom Standpunkt des Lebenskenners aus zu einem der anziehendsten Gewächse unserer Flora erhöben, so glömme von dem Feuer, das unsere Vorfahren ihr angezündet haben, heute wohl kaum noch ein Fünkchen.

Oder soll man sich gar nichts denken dabei, daß die Früchte der Mistel mitten im Winter zur Reife kommen? Man findet sie als weiße Beeren zwischen den Astgabeln sitzen, 2, 3, 6, 8 in einem Klümpchen beisammen. Dicht daneben oder auf andern Ästen des Wirtes stehen Mistelbüsche ohne Beerenschmuck. Aber das sind keine jungen oder sonst durch Zufall unfruchtbar gebliebenen Pflanzen, sondern sind Mistelmännchen. Bemüht man sich im März oder April zu ihnen hin, so sieht man zwischen den im Winter leeren Gabeln gelbliche, unscheinbare Blütchen sitzen. Sie haben eine einfache vierteilige Hülle und speien aus ebensovielen Pollenbeuteln stacheligen Blütenstaub aus, sie geben auch Honig und locken damit Insekten an, die den Pollen zu den benachbarten Weibchen vertragen. Die Frucht ist erst grün, dann weiß, hat ungemein klebriges, unter dem leichtesten Druck zu einer fadenziehenden Masse zerlaufendes Beerenfleisch, und drinnen liegt ein Same mit ein bis drei Keimlingen, die lange vor der Reife an der Spitze höckerartig hervorschauen. Nach der Reife muß der Same warten, bis ein Vogel kommt und die Frucht verschluckt. Daran fehlt es gewöhnlich nicht, denn die Misteldrosseln und andere Drosselarten haben die weiße Beere recht gern, zumal zur Zeit ihres Heimzugs in die Brutquartiere, im Februar und März, der Tisch für sie ziemlich dürftig gedeckt ist. Ein Teil der Samen wird bereits aus dem Kropf wieder ausgeworfen, andere passieren keimfähig den Darmkanal und gelangen mit dem Kot auf die Zweige, wieder andere werden von den Tieren beim Schnabelputzen an den Ästen abgewetzt und bleiben mit der klebrigen Außenschicht hängen. Der Kleister trocknet schnell ein und heftet den Samen fest an die Unterlage.

Im Mai dann keimen sie aus, selten schon vorher, denn sie brauchen eine ganz bestimmte Lufttemperatur, um den embryonalen Gewebekörper aus seinem Schlafzustand in den Zustand der Tätigkeit überzuführen. Ebenso notwendig zum Keimen haben sie Licht. Sonst gehen Samen nur im Dunkeln auf, sie aber keimen nie im Dunkeln. Dagegen spielt die Unterlage gar keine Rolle. Auf Glas, Stein, Watte, Papier, totem oder lebendem Holze schlagen sie aus. Aber nur auf lebendem Holz können sie sich weiter entwickeln. Die Entfaltung verläuft noch träger als bei allen früher behandelten Schmarotzern. Im ersten Jahr kriecht nämlich nur das Würzelchen aus der Schale. Lichtscheu, wie es ist, wendet es sich sofort den dunkeln Borkenwinkeln der Unterlage zu und entwickelt dort, wo es nicht mehr weiter kann, eine dornige Haftscheibe. Aus ihrer Mitte wächst eine Senkerwurzel hervor, die genau senkrecht in die Rinde des Wirtes hinuntersteigt, sie durchbohrt und nicht eher ruht, als bis ihr Saugnapf den Holzkörper durchfressen und damit den nützlichen Anschluß an die Gefäßröhren des Wirtes erreicht hat. Erst im nächsten Jahr schlüpfen auch die Keimblätter aus der Schale.

Gleichzeitig sprießen aus der Senkerwurzel, genau im rechten Winkel, neue Wurzelstränge ab. Sie werden Rindenwurzeln genannt, weil sie parallel mit der Oberfläche des besiedelten Astes ziehen, grün sind und in der Rinde verlaufen (s. d. Abb. S. 92). Sie haben einen pinselförmigen Kopf, womit sie das Gewebe zernagen. Sobald sie einigermaßen erstarkt sind, entwickeln sie, genau wie der Keimling, eine Menge neuer Senkerchen, die geradeaus auf die Astmitte lossteuern und abermals Anschluß an die Saftbahnen des Holzkörpers finden. Damit ist die Mistel haltbar befestigt. Ihre ganze weitere Tätigkeit besteht darin, Ableger zu bilden und in dem Maß, wie Stämmchen und Krone wachsen, auch das Wurzelwerk zu vergrößern. Hat sie einen tüchtigen Ast gefunden, so wird sie gewiß recht alt. Oft sind ja die Senker von 50, 60 und noch mehr Jahresringen umschlossen; in dem Maße, wie der Holzmantel des tragenden Baumes sich verdickt, sprießen sie in die Länge, so daß der Anschluß an das saftererfüllte Aderwerk nie verloren geht. Schwächere Äste dagegen sterben leicht unter dem Druck jener Anforderungen und ziehen den Aufsassen mit in die Grube.

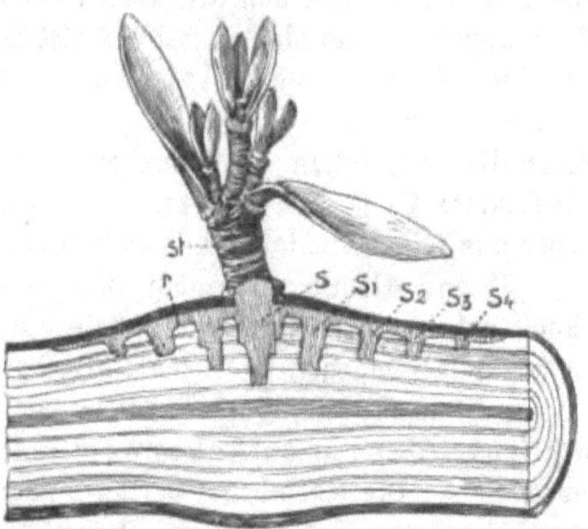

Längsschnitt durch einen Apfelbaumast mit einer mehrjährigen Mistelpflanze. In der Mitte hat die Mistel den Erstlingssenker (s) gebildet. Er ist von mehreren Jahresringen umwallt. Rechts und links in der Figur ist eine im Bast verlaufende, grüne Rindenwurzel (r) zu sehen, von der aus neue Senker (s_1, s_2, s_3, s_4) gegen das Holz vorgehen. (Nach Tubeuf.)

Über das *Alter* des *Mistelgeschlechtes* wissen wir wenig Genaues. Die ältesten Reste, die wir von unserer Art haben, stammen aus diluvialen Torfmooren bei Kiel und jungsteinzeitlichen Pfahlbauten des Berner Oberlandes. Hingegen wissen wir, daß die Pflanze noch eine starke innere Lebenskraft hat. Denn gerade zurzeit ist sie (nach den Mitteilungen Freiherrn *C. v. Tubeufs*-München, *Heckes* und *Heinrichers*-Innsbruck) im Begriff, genauere Anpassungen an ganz bestimmte Wirtspflanzen einzugehen und sich auf diese Weise in mehrere *Ernährungsrassen* aufzuspalten. Von Haus aus kommt bei uns die Mistel (nach Laurent) auf 96 verschiedenen Baum- und Straucharten vor. Am häufigsten sitzt sie auf Pappeln, Weiden, Birken, Buchen, Föhren, Apfel- und Birnbaum, Tannen, Walnuß, Haselnuß, echter Kastanie, Weißdorn, Eberesche, Pflaume, Mandel, Kirsche, Robinie, Linde und Ahornarten, ganz selten auf Eichen. Nach Beobachtungen Heinrichers schmarotzt sie gleich den wurzelbewohnenden Erpresserpflänzchen sogar *auf sich selbst*. In einem Fall fand Heinricher einen alten Mistelbusch von nicht weniger als sechs jugendlichen Artgenossen mit Beschlag belegt, vier Männchen und zwei Weibchen, so daß ein ganz ungewöhnliches Bild entstand. Aber es ist doch nicht so, daß die Samen einer Mistel, die Laubhölzer bewohnt, nun auch auf Tannen und Föhren oder jedem anderen Laubholzbaum aufgehen könnten. Früher ist das sicherlich der Fall gewesen. Heute lassen sich in unserm Gebiet bereits drei scharf getrennte Standortsvarietäten oder Ernährungsrassen unterscheiden, die einander hübsch aus dem Wege gehen, und ihre eigenen kleinen Abzeichen haben. Die eine ist die Laubholzmistel. Sie lebt auf Laubbäumen, hat Samen mit zwei Keimlingen und geht von einer Laubholzart auf die andere über, doch scheint ihre Passierfähigkeit nicht mehr unbegrenzt zu sein. Beispielsweise gedeihen die Samen der Apfelmistel auf der Pappel lange nicht so gut wie wieder auf Äpfeln und umgekehrt. Niemals aber scheint die Laubholzmistel auf Nadelhölzern sich entwickeln zu können. Alle Kulturversuche in dieser Hinsicht schlugen fehl. Zwar trieben (nach Hecke) Apfelmistelsamen auf Tannenästen aus, aber schon nach kurzer Zeit schob der Wirt gegen den eingedrungenen Senker eine Korkmauer vor, die ihn ringsherum von der Unterlage abschnitt, und das Schmarotzerchen mußte vertrocknen.

Die zweite Varietät ist die Tannenmistel. Sie kommt nur auf der Edeltanne (Abies pectináta) vor, führt in jedem Samen gewöhnlich nur einen Keimling und tauscht ihren Wirt nicht gegen Laubhölzer oder andere Nadelbäume ein. Die dritte Rasse ist die Föhrenmistel. Sie hat die schmächtigsten Blätter, kommt normal auf der Föhre (Pinus silvéstris), der Bergkiefer (Pinus montána) und der Schwarzkiefer (Pinus larício), ganz selten auf der Fichte (Pícea excélsa) vor. Die Tanne, die Lärche und alle Laubhölzer sind ihr verschlossen. Von diesen drei klargeschiedenen Rassen hat die Laubholzmistel das größte europäische Verbreitungsgebiet; sie ist überall anzutreffen, wo es Laubhölzer gibt. Nicht ganz so umfangreich sind die Domänen der Tannenmistel und Kiefernmistel. Nach C. v. Tubeuf ist letztere erst später aus dem Süden eingewandert. Sie hat ihre Hauptstandorte vorläufig noch in Tirol, besonders im Eisack- und Etschtal.

Diese Landschaften stellen reine Kiefernmistelgärten dar. „Wollte man von Milliarden von Mistelbüschen sprechen,“ meint der Forscher, „so wäre das ein lächerlich kleiner Begriff gegenüber der Wirklichkeit. Hundert Büsche in allen Altern und Größen bedecken oft den einzelnen Baum.“ Ursache dieser riesigen Entfaltung sind die Drosseln, die das Eisack- und Etschtal als Einfallspforte ins nordalpine Europa benutzen und alljährlich im Frühjahr die Samen immer um ein Stück weiter tragen. Den Wanderstraßen der Drosseln folgend dringt die Kiefernmistel denn auch ganz allmählich nach Nordtirol und Südbayern vor.

* * *

Sieht man Laurents Tabelle der Mistelwirte durch, so könnte es scheinen, als sei von allen unseren Wald- und Kulturbäumen die Eiche am besten gestellt. Nur drei Fälle aus Nordfrankreich und einer aus der Schweiz sind (nach Tubeuf) sicher verbürgt für das Vorkommen der Mistel auf heimischen Eichen. Aber auch dieser Baum hat sein Kreuz. Es sieht ganz ähnlich aus wie die Mistel, heißt aber Riemenblume (Loránthus europáeus) und ist von über 200 tropischen und subtropischen Formen die einzige europäische Art. Ich bringe die Pflanze nebenan in einem sehr schönen Bild, das schwer zu beschaffen war. Denn dieser Schmarotzerstrauch ist in unseren Gegenden allmählich sehr selten geworden. In Österreich z. B. kommt er nur noch im sog. Galgenbusch bei Teplitz vor, in der Lipnei bei Probstau und an einigen anderen Orten längs der böhmischen Grenze. Häufiger ist er in den Eichenwäldern, die von den Sudeten nach der Donauebene herunterstreichen.

Die Riemenblume wird etwas größer als die Mistel, bis meterhoch, ist sehr verästelt, hat schwarzgraue Zweige und mistelähnliches Laub. Dieses Laub wirft sie genau wie die Eiche im Spätjahr ab. Sie hat sich also ganz die rhythmischen Gewohnheiten des Baumes, auf dem sie lebt, zu eigen gemacht. Ihre Blütchen erscheinen wiederum im April oder Mai an besonderen ähringen Ständchen. Sie sind unscheinbar, gelblich grün, teils zwitterig, teils durch Unterdrückung des einen Geschlechtes rein männlich oder rein weiblich geworden. Dies geht so weit, daß die Pflanze zweihäusig werden kann. Die Früchte sind hellgelbe hängende Beeren mit Vogelverbreitung.

Die Entwicklung der Riemenblume vollzieht sich nach allem, was man weiß, genau wie die Entwicklung der Mistel. Sie

Riemenblume (Loránthus europaeus). (Aufnahme von J. Hartmann.)

stellt auch an den Ernährer die nämlichen Ansprüche. Der Nährsproß ist ein keilförmiger, kompakter Körper. Die Berührungsstelle zwischen Wirt und Schmarotzer schließt eine sogenannte Holzrose ab, ein eigentümliches, becherförmiges Anhangsorgan, das an die Geweihrose der Rehgehörne erinnert. Die Holzrose entsteht nach Angaben von Solms-Laubach aus Gewebewucherungen der Wirtspflanze. Sie ist also ein Nebenorgan, das durch den Wachstumsreiz des Schmarotzers an der Angriffsstelle erzeugt wird. Löst man die Holzrose ab, so erscheint sie als ein tellerförmiger harter Wulst, in den der Hauptsproß des Parasiten wie ein breiter, flacher Keil eintaucht. Das Saugorgan der Riemenblume treibt in den Holzrosenkörper zahlreiche schlauchartige Auswüchse. Sonst bringt die Riemenblume nichts wesentlich Neues. Den Eichen setzt sie ziemlich scharf zu.

VII. Philosophie des Schmarotzertums.

Einmal im Leben führt jede Samenpflanze sich als Schmarotzerin auf und schafft ihre Nahrung nach Art der unterirdischen Tozzialarve, der Schuppenwurz, Orobanche und Seide zur Stelle. Der Lebensabschnitt, den ich meine, fällt in die Frühzeit der Entwicklung, in jene äußerlich so unbewegten Tage, in denen der Embryo aus abgrundtiefem Samenschlaf erwacht und sich anschickt, eine Pflanze zu werden.

Was ist das Weizenlärvchen, wenn es, im Samenkorn verschlossen, anfangs August aus der rauschdürren Ähre fällt? Wie der nebenan wiedergegebene Längsschnitt zeigt, ist es ein Zapfen aus etlichen dütenartig übereinander gestülpten Gewebescheiden, dem auf der Innenseite der stärkeführende Mehl- oder Nährkörper anliegt. Aus dem Mehlkörper machen wir Brot, — von seinem Inhalt muß auch das Weizenlärvchen zehren, wenn es von Umgebungswärme und Umgebungsfeuchtigkeit zur Entwicklung des Keimwürzelchens aufgefordert wird. Wir können fragen, wie der Embryo im Weizenkorn die hochzusammengesetzten organisierten Stoffe des Mehlkörpers sich dienstbar macht. Wie schließt er sie auf? Wie baut er sie ab, und auf welchen Wegen führt er sich die Bausteine zu, die durch Niederreißen der Stärkemoleküle freigelegt werden?

Wer das Bild genau ansieht, findet die Rückenseite des Keimlings mit einer senkrecht gestrichelten Zellschicht (s) gegen den proviantführenden Mehlkörper abgegrenzt. Diese Zellschicht, das Schildchen genannt, ist der Vermittler. Sobald der Same aufquillt, beginnt das Schildchen sich zu vergrößern, seine winzigen Zellen strecken sich in die Länge und wachsen schlauchförmig gegen die Stärkekörner des Mehlkörpers vor. So formt sich das Schildchen allmählich in eine breite Zottenhaut um, die größte Ähnlichkeit hat mit den pinselförmig aufgelösten Spitzenteilen des Saugfortsatzes eines Schuppenwurz-Haustoriums. Die Zottenhaut, zu der das Schildchen sich entfaltet hat, geht auch gegen den Mehlkörper genau so vor, wie der Saugfortsatz unserer Erpresser- und Würgerpflanzen gegen das Gewebe des Wirtes: die wurmartig ausgezogenen Schildchenzellen bespritzen den Nährkörper mit einer enzymatischen Flüssigkeit, welche die Fähigkeit hat, Stärke zu lösen und in ihre Bausteine aufzuspalten. In dieser einfachen Form dann saugen die Zottenzellen die Bestandteile des Mehlkörpers auf und führen sie dem Embryo zu, der sie als Bau- und Betriebsmaterial bei Herstellung seines Wurzelfädchens verwendet. So halten es alle Pflanzen, denen die Mutter das Nährmaterial in einem besonderen, neben dem Samen ruhenden Futtersack mit auf den Weg gibt. An seinem Inhalt schmarotzt das Lärvchen, bis die Wurzel im Erdreich festgemacht ist und die Keimblätter sich über den Boden erhoben haben. Dann erst wird das Samenpflänzchen zur reinen Rohköstlerin, die ihren Energiebedarf aus unorganisierter Substanz (Luftgasen, Bodensalzen und Wasser) herholt.

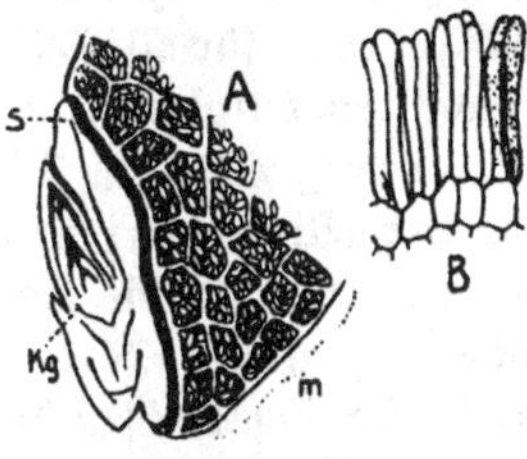

A Längsschnitt durch einen Weizenembryo. kg Keimling, s Schildchen, m Mehlkörper. B Schildchenzellen, zottenartig in den Mehlkörper verwachsend.

Was bringt dann aber die Erscheinung des Schmarotzertums

so unerhört Neues? Man kann erwidern, sie bringe nichts. Es ist nur ein plötzliches Wiedererwachen uralter Instinkte, wenn die Wurzel des Augentrostes sich auf die Wurzel eines Grases losstürzt und sie plündert. Der Augentrost entwickelt das Gewebe, womit er im Keimlingsstadium seinen Dottersack aussaugte, lediglich noch einmal. Die andern grünen Pflanzen vergessen, wenn sie sich der Samenschale entledigt haben, für alle Zeit, daß sie eben noch ihren Zellenstaat mit organisierter Nahrung gefüttert haben. Die Augentroste vergessen es auch, erinnern sich aber bald nachher wieder an die frühere Verköstigungsart und nehmen flugs die alte Tätigkeit wieder auf. Da aber die embryonale Zottenhaut nicht mehr vorhanden ist, müssen sie aus dem Stil heraus, in den ihr Leib mittlerweile hineingewachsen ist, und aus dem Bestand von Organen heraus, die sie inzwischen erworben haben, den Saugapparat noch einmal neu entwickeln. Sie wählen hierzu die Organe, womit sie den Nebenpflanzen am nächsten kommen: zumeist sind das die Wurzeln, bei den Winden ist es das Stengelwerk.

Aber was löste jene Erinnerung an die Jagdmethode der Säuglingszeit wieder aus, und was bewog die Vorfahren all der Schmarotzerpflanzen, die in diesem Bändchen behandelt wurden, zur Rohkostgewinnung — denn um Rohkosterwerb handelt es sich zunächst — die Arbeitsweise des Schmarotzers zu übernehmen?

Wenn man keinen Hehl daraus macht, daß man sich mit dieser Frage ganz ins Bereich der Hypothese und ungewissen Betrachtung begibt, darf man versuchen, eine Antwort zu finden.

Die einfachste und richtigste Antwort ist gewiß, Lebensnot und der Trieb nach Selbsterhaltung habe jene Erinnerung wieder erweckt. Die Pflanzen gerieten derart in Daseinsschwierigkeiten hinein, daß sie nur noch auf diesem Weg aus der Klemme kamen. Aber die Hauptfrage ist doch wohl, was sie überhaupt in solche Schwierigkeiten hineingeführt hat.

Ich habe die Literatur mit Fleiß durchsucht und habe immer die Auffassung vertreten gefunden, daß Rückbildung des Wurzelsystems und, damit zusammenhängend, wachsendes Unvermögen zur Herbeischaffung der nötigen Wasser- und Nährsalzmengen schuld an dem Abstieg gewesen sei. Diese Auffassung ist gewiß richtig. Aber was war schuld daran, daß plötzlich das Wurzelsystem zu verkümmern begann? Ich habe diese Frage nirgends gestellt und daher auch nirgends beantwortet gefunden. Ich meine aber, daß man *hier* mit dem Grübeln und Nachdenken anfangen muß, wenn man nicht nur den *Werdegang* des Schmarotzertums verstehen, sondern auch ausdrücken will, *wie es überhaupt in die Welt kam*. Es scheint mir nun, daß uns die Natur mit leisem Fingerzeig die Richtung, in der die Lösung dieses Problems gesucht werden muß, versteckterweise andeutet. Vom *Lichtbedürfnis*, glaube ich, müssen wir ausgehen, wenn wir schließlich einen Grund dafür finden wollen, daß das normale Wurzelsystem eines Tages nicht mehr den Wasser- und Nährsalzanspruch jener Pflanzen befriedigen konnte. Das Lichtbedürfnis aller Gewächse, die auf der Anfangsstufe des Schmarotzertums stehen, — das ließ sich beweisen — ist ungewöhnlich groß. Es übersteigt ein gutes Stück das Lichtbedürfnis des Rohköstlerdurchschnitts. Nehmen wir an, daß diese starke Lichtbedürftigkeit schon die Vorfahren unserer heutigen Schmarotzergewächse plagte, so brauchen wir uns nur klar zu machen, welche *Rückwirkung* diese Eigenschaft auf den Gesamtstoffhaushalt des Individuums gehabt haben muß, und wir kommen der Sache von selbst auf den Grund. Wir finden nämlich, daß im Körper der Pflanze eine sehr enge *Wechselwirkung zwischen den grünen Assimilationsorganen und den wasseraufnehmenden Wurzelorganen* besteht. Die Wurzel muß normal so groß gemacht werden, daß jederzeit genug Wasser und genug Salze vorhanden sind, um die Kohlenstoffmenge, welche die Blätter aus der Luft in ihren Geweben niederschlagen, restlos in *organische* Substanz zu verwandeln. Da nun Pflanzen, die sich die freiesten und sonnigsten Standorte aufsuchen, infolge ihres großen Lichtgenusses auch eine gesteigerte *assimilatorische* Tätigkeit haben, so wuchs ganz von selbst auch das Wasser- und Mineralsalzbedürfnis. Es wuchs demzufolge auch das *Bedürfnis nach starker Erweiterung des gesamten Wurzelwerks*. Aber diesen Anforderungen in vollem

Umfang nachzukommen, waren die Vorfahren unserer heutigen Schmarotzerpflanzen außerstand. Sie werden zwar ihr Wurzelwerk vergrößert und sich bemüht haben, das Gleichgewichtsverhältnis zwischen Boden- und Luftorganen aufrecht zu halten, aber bei allem Fleiß konnten sie es doch nicht so weit ausbauen, daß mit den Wurzelhaaren allein der unmäßig gesteigerte Wasser- und Nährsalzanspruch der im Licht schwelgenden oberirdischen Organe zu befriedigen war. Und so kam jenes Mißverhältnis zwischen Wurzelleistung und Blätterleistung zustand, das die Ahnen der heutigen Schmarotzerpflanzen dem Untergang zu überantworten drohte, — falls nicht auf anderem Wege die Heranschaffung der von dem lichtschwelgenden Laubwerk geforderten Wasser- und Nährsalzmengen gelang.

Wir haben gesehen, daß die Gefahr überwunden wurde. Es glückte den Bedrängten der Anschluß an einen Nachbarn. Aus seinen Gefäßbündeln flossen ihnen jene Wassermengen zu, die das eigene Wurzelhaarwerk zu wenig lieferte. Und jetzt erst, meine ich, begann die Rückbildung des Wurzelsystems. Bis dahin hatte es nur dem Drängen nach Fortbildung gegenüber versagt. Jetzt setzte ganz naturgemäß die entgegengesetzte Entwicklung ein. Oder konnte nicht eine Saugwarze viel leichter das leisten, wozu normalerweise gegen 100 000 einzelne kleine Saughärchen nötig waren? Nein, man war nicht mehr in Not. Man hatte ja in den Saugwarzen viel vollkommenere Wassersaugapparate erfunden, als je eine grüne Pflanze sie vorher besaß. Da war es nur ökonomisch, die altmodischen, weniger leistungsfähigen Wurzelhaare zugunsten der besseren abzuschaffen. Das geschieht denn auch auf den Anfangsstufen des Schmarotzertums in verschiedenem Grad. Ja, es ist dieses überhaupt das erste, was unternommen wird.

Und nun hob jene Entwicklung an, die wir von Station zu Station auf dem Wege nach abwärts verfolgt haben. Zunächst blieb es dabei, daß nur Wasser und Nährsalze genommen wurden, dann nahm man auch jenes bißchen organischer Substanz in sich auf, das beim Eindringen des Saugfortsatzes durch Verflüssigung des Wirtsgewebes rund um die Leckzungen sich niederschlug, und in einem noch späteren Zeitabschnitt sah man es auf diese Substanz, die anfangs nur nebenbei eingeheimst worden war, geradezu ab. Nachdem man aber erst gelernt hatte, die organisierten Bestandteile der Tragpflanze in sich herüberzuleiten, konnten auch die Blattgrünapparate mehr und mehr zerfallen. Dieser unausweichliche Schritt hatte neue Verschärfungen des Schmarotzertums zur Folge. Denn je schwächlicher das Laubwerk entwickelt wurde, um so größere Mengen organisierter Nahrung mußten die Wurzeln ihren Wirten entnehmen. Schließlich war man im Erbeuten organischer Stoffe so geschickt geworden, daß der gesamte Grünstoffapparat ohne Schaden entbehrlich war. Und so fiel er auf der letzten Station des Schmarotzertums ganz. . . . Man hatte im Anfang zufällig den kleinen Finger erwischt, nun steckte man die ganze Hand mitsamt dem Wirt in die Tasche.

Wichtigste Literatur

Goebel, K., Über die biologische Bedeutung der Blatthöhlen bei Tozzia und Lathraea. Flora, Bd. 83, 1897, S. 444.

Hecke, L., Kulturversuche mit Misteln. Naturw. Zeitschrift f. Land- und Forstwirtschaft 1907, Bd. 5, S. 210—213.

Heinricher, E., Die grünen Halbschmarotzer.
I. Odontites, Euphrasia und Orthantha. Pringsheims Jahrbücher für wissenschaftl. Botanik. Bd. 31, 1898, S. 78—124.
II. Euphrasia, Alectorolophus und Odontites. Ebenda, Bd. 32, 1899, S. 389—452.
III. Bartschia und Tozzia. Ebenda, 1901, Bd. 36, S. 665—749.
IV. Nachträge zu Euphrasia, Odontites und Alectorolophus. Ebenda, 1902, Bd. 37, S. 264—337.
V. Die Melampyrum-Arten. Ebenda, Bd. 46.
VI. Zur Frage nach der assimilatorischen Leistungsfähigkeit der grünen Rhinantheen. Ebenda, 1910, Bd. 47, S. 540—587.

— Studien an der Gattung Lathraea.
I. Mitteilung. Sitzungsber. Wien. Bd. 101, Abtlg I, 1892.
II. Mitteilung. Bericht d. deutsch. bot. Ges. Bd. 11, 1893.

— Die Keimung von Lathraea. Ebenda, Bd. 12, 1894.

— Beiträge zur Kenntnis der Mistel. Naturw. Zeitschr. f. Land- und Forstwirtschaft, 1907, Bd. 5, S. 357—382.

Koch, L., Die Entwicklungsgeschichte der Orobanchen. Heidelberg 1887.

— Die Klee- und Flachsseide. Heidelberg, 1880.

Laurent, E., Über die Anwesenheit eines für den Birnbaum giftigen Stoffes in den Beeren, Samen und Keimpflanzen der Mistel. Comptes rendus 1901, Bd. 133, S. 959—961.

Molliard, Saprophytische Kulturen von Cuscuta monogyna (= lupuliformis). Comptes rendus, 1908, Bd. 147, S. 685—87.

Seeger, R., Versuche über die Assimilation v. Euphrasia und über die Transpiration der Rhinantheen. Sitzungsber. d. Akad. d. Wiss. Wien. Math. nat. Klasse. Bd. 119, Abtlg. I, 1910, S. 987—1004.

Solms-Laubach, Graf, Über den Bau und die Entwicklung der Ernährungsorgane parasitischer Phanerogamen. Pringsh. Jahrbuch f. wiss. Bot. Bd. 6, S. 570.

Stahl, E., Der Sinn der Mykorrhizabildung. Ebenda, 1897, Bd. 34, S. 539—668.

Tubeuf, C. v., Die Mistel. Textbuch zu pflanzenpathologische Wandtafeln. Stuttgart 1906.

— Die Ausbreitung der Kiefernmistel in Tirol und ihre Bedeutung als besondere Rasse. Beobachtungen in der Natur und Infektionsversuche im Laboratorium. (Naturw. Zeitschr. f. Forst- und Landwirtschaft 1910, Bd. 8, S. 12—39.)

— Die Standortsvarietäten der Mistel. Ebenda, 1906, Bd. 4.

Volkart, Untersuchungen über den Parasitismus der Pedicularis-Arten, Dissertation, Zürich 1899.

Wettstein, R. v., Monographie der Gattung Euphrasia. Leipzig 1896.

Inhalts-Übersicht

Register

Zeitfracht Medien GmbH
Ferdinand-Jühlke-Straße 7
99095 Erfurt, Deutschland
produktsicherheit@kolibri360.de